高等职业教育（本科）机电类专业系列教材
高等职业教育"互联网+"新形态一体化教材

产品设计材料与工艺

主　编　金　海　刘传兵　张天成
副主编　李　君　莫　凯　郑小平
参　编　闵光培　张国军　陈布瑾　张织璇

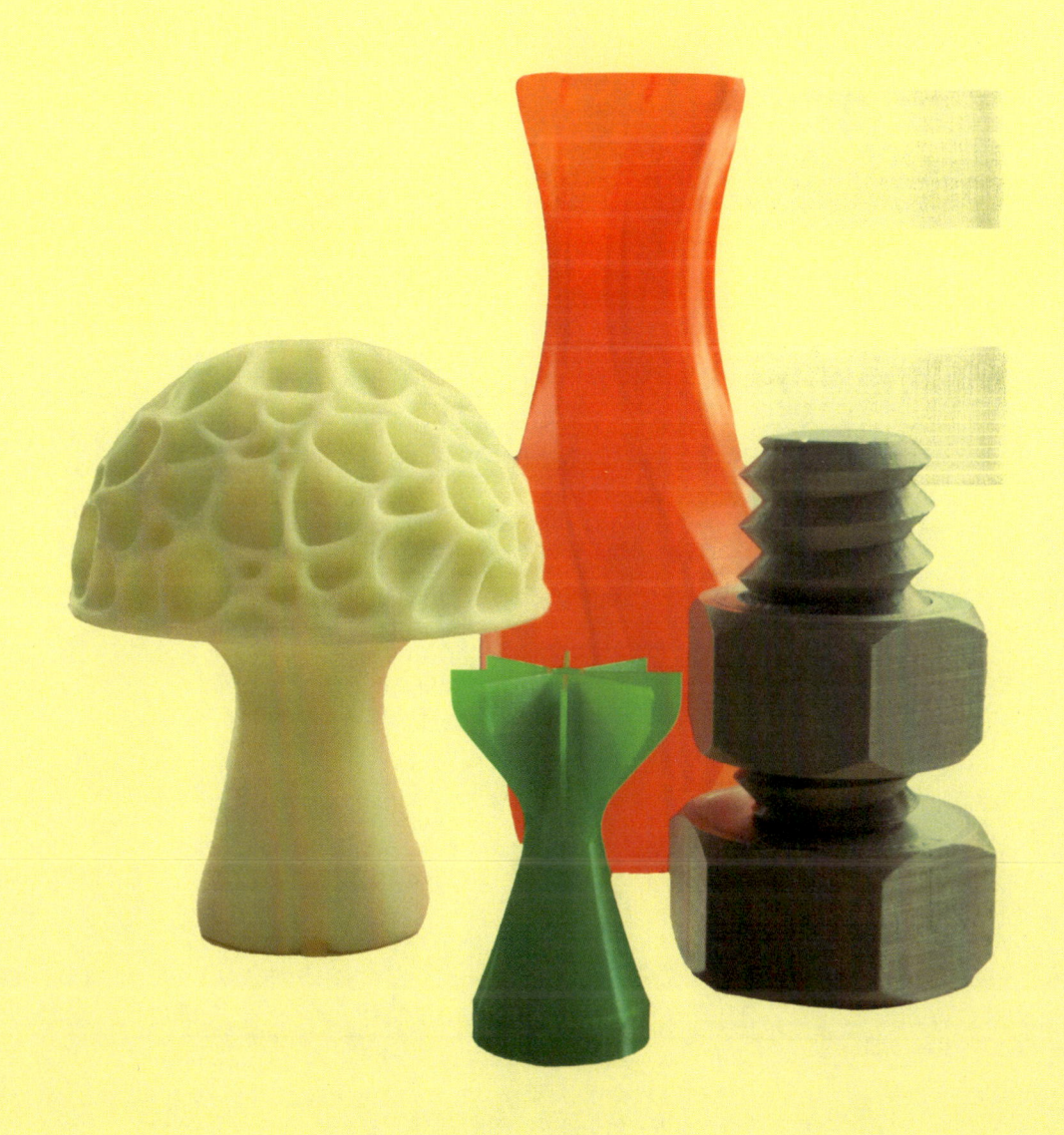

机械工业出版社
CHINA MACHINE PRESS

本书紧扣当今产品设计材料与工艺设计的热点、难点与重点，全书分为6章，包括绪论、金属材料与加工工艺、有机高分子材料与加工工艺、其他材料与加工工艺、色彩与质感设计、产品设计工艺图。本书全面介绍了各类设计材料的特性、主流工艺以及产品应用的相关知识和所需掌握的专业技能，知识体系相辅相成。

本书可作为高等职业院校、职业本科院校工业设计专业学生的教学用书，也可作为从事设计行业技术人员的参考用书。

本书配有电子课件，凡使用本书作为授课教材的教师可登录机械工业出版社教育服务网 www.cmpedu.com，注册后免费下载。咨询电话：010-88379375。

图书在版编目（CIP）数据

产品设计材料与工艺 / 金海，刘传兵，张天成主编. 北京：机械工业出版社，2025.5. -- （高等职业教育（本科）机电类专业系列教材）. -- ISBN 978-7-111-78207-0

Ⅰ. TB472

中国国家版本馆 CIP 数据核字第 2025XZ0989 号

机械工业出版社（北京市百万庄大街22号　邮政编码100037）
策划编辑：刘良超　　　　　　责任编辑：刘良超
责任校对：潘　蕊　张　薇　　封面设计：马若漾
责任印制：常天培
河北虎彩印刷有限公司印刷
2025年7月第1版第1次印刷
184mm×260mm・9印张・222千字
标准书号：ISBN 978-7-111-78207-0
定价：45.00元

电话服务　　　　　　　　　网络服务
客服电话：010-88361066　　机　工　官　网：www.cmpbook.com
　　　　　010-88379833　　机　工　官　博：weibo.com/cmp1952
　　　　　010-68326294　　金　书　网：www.golden-book.com
封底无防伪标均为盗版　　机工教育服务网：www.cmpedu.com

前言

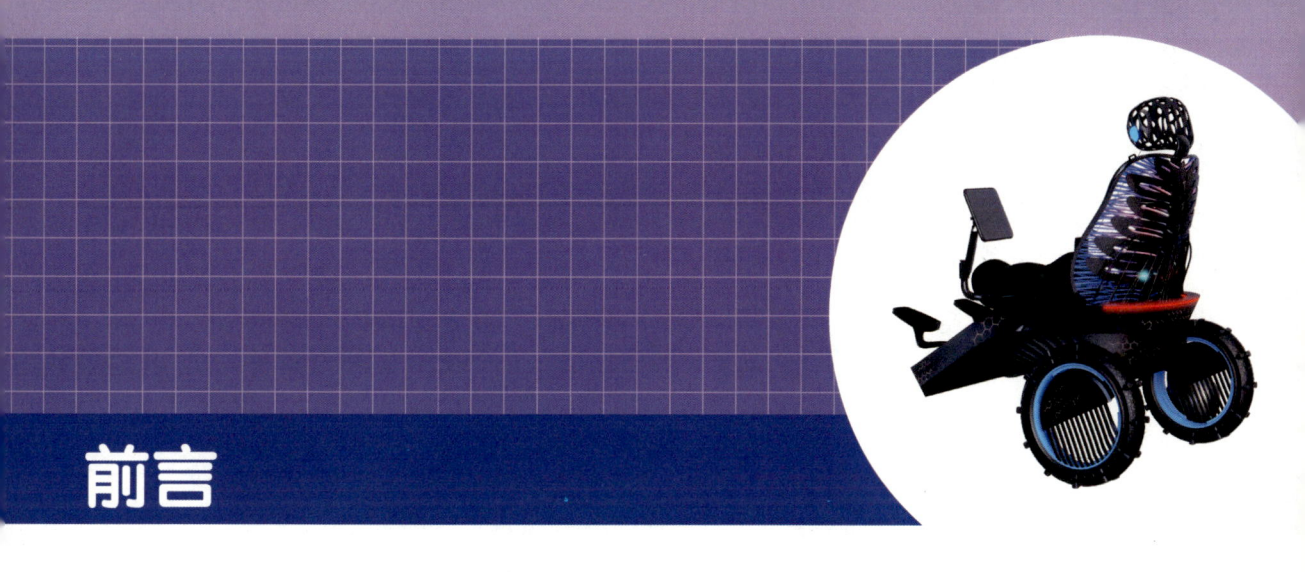

材料作为产品设计的物质基础，不仅体现在产品的功能与结构方面，还体现在工业产品的审美形态上。

材料影响着产品设计，任何产品都要以一定材料作为载体来创造。产品设计的基础是对材料的合理运用，同时又受到材料属性的制约。新的设计构思也需要由相应的材料来实现，这就对材料提出了新的要求，从而促进了材料科学的发展。新材料层出不穷，例如，电子信息材料、新能源材料、纳米材料、先进复合材料、先进陶瓷材料、生态环境材料、新型功能材料、生物医用材料、智能材料、新型建筑及化工材料等，每一种新材料的出现都会为设计实施的可能性创造条件，并对设计提出更高的要求。在设计中，设计活动与材料的发展相互影响、相互促进、相辅相成。

各类新材料也越来越受到产品设计师的高度关注，设计师们在产品设计的创新过程中，不断对新材料进行探索和应用。虽然新材料层出不穷，但传统材料也有很多值得深入探索的方面。如何在设计实践中使材料更好地发挥其作用，是设计师们的一项重要任务。

本书紧扣当今产品设计材料与工艺设计的热点、难点与重点，全书分为6章，包括绪论、金属材料与加工工艺、有机高分子材料与加工工艺、其他材料与加工工艺、色彩与质感设计、产品设计工艺图。本书全面介绍了各类设计材料的特性、主流工艺以及产品应用的相关知识和所需掌握的专业技能，知识体系相辅相成。

本书由金海、刘传兵、张天成担任主编，李君、莫凯、郑小平担任副主编，闵光培、张国军、陈布瑾、张织璇也参与了编写。

由于编者水平所限，书中难免存在不妥之处，敬请广大读者批评指正。

编 者

二维码资源列表

序号	资源名称	二维码	序号	资源名称	二维码
1	黑色金属及其合金		8	塑胶材料的三种状体	
2	碳素钢、铸钢、合金钢		9	通用塑料和工程塑料	
3	有色金属及其合金		10	注射成型	
4	铜合金与锌合金		11	陶瓷成型与表面处理	
5	铸造成形		12	快速成形技术	
6	金属表面纹理工艺		13	光与色彩原理	
7	金属的表面被覆工艺				

目录

前言
二维码资源列表
第1章　绪论 ··· 1
  1.1　工业设计定义的延展 ·· 1
  1.2　产品的诞生 ·· 4
  1.3　影响产品设计的因素 ·· 10
  1.4　工业设计人才的知识结构 ·· 13
  1.5　思考与练习 ·· 14
第2章　金属材料与加工工艺 ·· 15
  2.1　金属材料概述 ·· 15
  2.2　黑色金属及其合金 ·· 17
  2.3　有色金属及其合金 ·· 26
  2.4　铝 ·· 26
  2.5　铜 ·· 30
  2.6　锌 ·· 34
  2.7　锡 ·· 35
  2.8　钛 ·· 35
  2.9　硬质合金 ·· 36
  2.10　金属材料成形工艺概述 ·· 36
  2.11　铸造成形工艺 ·· 37
  2.12　锻造成形工艺 ·· 39
  2.13　常温成形工艺 ·· 40
  2.14　粉末冶金工艺 ·· 45
  2.15　金属的表面处理工艺 ·· 46
  2.16　金属的表面装饰工艺 ·· 50
  2.17　思考与练习 ·· 56
第3章　有机高分子材料与加工工艺 ·· 57
  3.1　有机高分子材料概述 ·· 57
  3.2　常用的塑料材料及其应用 ·· 58
  3.3　塑料材料成型工艺 ·· 63

V

3.4 塑料的表面处理工艺 ··· 72
3.5 有机高分子材料设计案例解析 ·· 80
3.6 思考与练习 ·· 82

第 4 章 其他材料与加工工艺 ·· 83
4.1 陶瓷材料与加工工艺 ··· 83
4.2 复合材料与加工工艺 ··· 93
4.3 3D 打印技术与材料 ·· 100
4.4 特种材料与特种加工工艺 ·· 108
4.5 思考与练习 ·· 113

第 5 章 色彩与质感设计 ·· 115
5.1 概述 ·· 115
5.2 产品色彩设计 ··· 116
5.3 产品的材质肌理 ·· 127
5.4 思考与练习 ·· 129

第 6 章 产品设计工艺图 ·· 131
6.1 产品设计工艺图概述 ··· 131
6.2 产品设计工艺图案例 ··· 135
6.3 思考与练习 ·· 137

参考文献 ··· 138

第 1 章

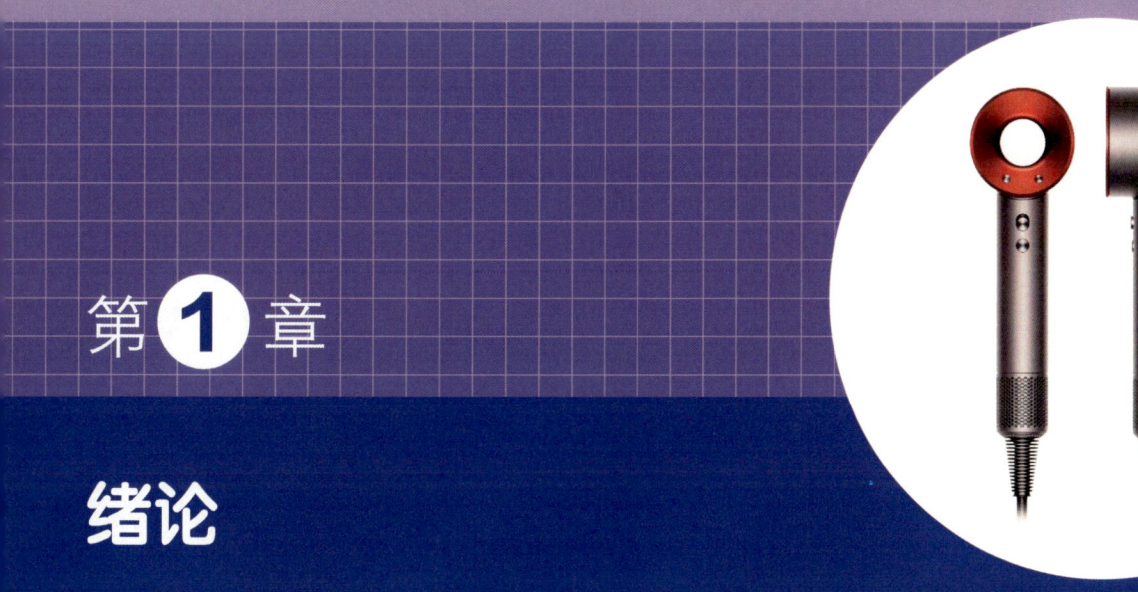

绪论

2023年3月，华为技术有限公司发布了P60系列手机（图1-1）。P60系列手机采用"凝光之眼"镜头、玲珑四曲显示屏，并使用业界首创的"凝光贝母工艺"，带来全新洛可可白配色（图1-2），每一部手机都有自己独特的纹理。华为P60 Art更是采用创新性"海岛"镜头模组设计，细节之处尽显高端艺术感，是将智慧影像与科技美学巧妙融合的科技艺术品。P60系列手机深受用户喜爱，销售业绩出色。

图 1-1　华为 P60 手机

图 1-2　洛可可白配色

手机是大众关注度非常高的产品，市场竞争也非常激烈。一款成功的手机，除了软硬件性能出色外，优秀的外观设计也必不可少。对于一些用户，手机外观设计的重要性甚至超过了硬件性能。用户除了重视产品的外形，也会考虑产品的色彩、材质。可以说，手机基本代表了当前数字类产品的最新设计趋势和制造技术。通过手机的案例，我们也可看到色彩、材料和工艺对工业产品的巨大影响。

1.1　工业设计定义的延展

设计，这一概念的内涵和外延是随着人类社会发展而变化的。如果说设计是为了达到一定目的而进行的一系列设想、计划和计算活动，那么石器时代的人们就已经开始了设计活动——尽管现代人们更愿意从艺术的角度去看待当时的人们所创造的物品，但那时的人类制作物品是出于生存目的而非艺术目的，只是到后来人类解决了基本生存问题之后，才有了单纯的为艺术目的而创造的活动。从这个角度看，以生存为目的的设计活动优先于以精神为目的的艺术活动——人们出于生存的本能，思考着改变处境。石器时代，无论是打造石器还是将矛投向猎物，都是人类智慧和技能的体现。这个时期体现的就是自己的东西自己做，尽管制作手段和技能低下，却体现了这种原始的、相融性的设计观念。而早在我国战国时期成书的《考工记》，就主张"天有时，地有气，材有美，工有巧。合此四者，然后可以为良。"明代宋应星所著的《天工开物》中有这样的论述："草木之实，其中蕴藏膏液，而不能自流。假媒水火，凭藉木石，而后倾注而出焉。"强调人巧能造万物，主张自然界与人的技术的协调。

石器时代，人们将使用、设计以及制作集于一身。农耕时代直至第一次工业革命前期，因物质交换机制的形成，出现了使用者与制作者的分化，这个时期已经开始了专业化的分工，产品定制也开始出现。制作者可以与使用者进行直接沟通，自然也能充分地了解和满足使用者的需求，制作者必然地承担着设计者的角色；而使用者也能直接向制作者表达需求，从某种意义上看，也是使用者的自我设计。虽然使用者与制作者是分化的，但两者都是承担设计的角色。这种状态与当时的经济规模和科技水平相适应，生产力低下的单一性生产方式是这个时代的特征。同时，科学、技术、艺术、经济达到高度的融合。

人类进入工业革命后直至现代，由于机械化的运用，生产力大幅提高，对设计的专业性和适应性有了相应的要求。由此，设计已成为独立的行业，在制作者集团中脱颖而出，原始的、单一生产方式下的大众自我设计时代也因此结束。设计者作为独立角色存在，为制作者提供使用者的需求，成为制作者和使用者之间的媒介。

如果说早期的设计活动是人类生存本能的反应，是"自在存在"行为的话，那么进入工业革命后的设计就是人类"自在自为"的反应——设计日益依存于工业化生产体系，而且在更大程度上影响需求。在这个时期，"工业设计"的概念逐步形成，其基本内涵是工业化量产条件下的，以少品种大批量的工业化产品为对象的设计。

"工业设计"由"工业"和"设计"两个词组成。工业，由批量的生产模式而界定，区别于手工的生产模式。比如，工业产品是一样的，因为技术要求决定它们的品质是一样的。设计这个词是由手工生产而来，是通过某种人为手段，将人的情感作用于生产结果，使被造物充满拟人生机。

工业设计真正为人们所认识和发挥作用是在工业革命爆发之后，以工业化大批量生产为条件发展起来的。当时大量工业产品粗制滥造，已严重影响了人们的日常生活，工业设计作为改变当时状况的必然手段登上了历史的舞台。这个阶段的"工业设计"是指对以工业手段生产的产品所进行的规划与设计，使产品与使用者之间取得最佳匹配的创造性活动。从这个概念分析，工业设计的目的是取得产品与人之间的最佳匹配。这种匹配不仅要满足人的使用需求，还要与人的生理、心理等各方面需求相适应，体现了以人为本的设计思想。

工业设计必须是一种创造性活动。工业设计的性质决定了它是一门覆盖面很广的交叉学科，涉及了众多研究领域，犹如工业社会的黏合剂，使原本孤立的学科，如物理、化学、生物学、市场学、美学、人体工程学、社会学、心理学、哲学等，彼此联系、相互交融，结成有机的统一体，实现了科学（客观地揭示自然规律）与艺术（主观、能动地进行创造活动）

的结合。

1970年，国际工业设计协会联合会（ICSID）为工业设计下了一个完整的定义："工业设计，是一种根据产业状况以决定制作物品之适应特质的创造活动。适应物品特质，不单指物品的结构，而是兼顾使用者和制作者双方的观点，使抽象的概念系统化，完成统一而具体化的物品形象，意即着眼于根本的结构与机能间的相互关系，其根据工业生产的条件扩大了人类环境的局面。根据当时的具体情况，工业设计师应当在上述工业产品全方位或其中几个方面进行工作，而且，当需要工业设计师对包装、宣传、展示、市场开发等问题的解决付出自己的技术知识和经验以及视觉评价能力时，这也属于工业设计的范畴。"

1980年，国际工业设计协会联合会在巴黎年会上进一步为工业设计完善了定义："就批量生产的工业产品而言，凭借训练、技术知识、经验及视觉感受，赋予材料、结构、形态、色彩、表面加工及装饰以新的品质和资格，称为工业设计。"在这种形势下，工业设计，过渡或削弱机器生产的理性视觉对人的心理影响，即是人们试图通过大批量生产，将手工行为的视觉、情感理念用于扩大化的行为活动。就现有的产品世界的结果来看，工业设计的结果可能诱导少数人（设计师）的情感泛化，从而封闭了其他人（消费者）的情感。但是，情感是不可能统一的，而批量生产情感则会使产品更多地被淘汰，推陈出新。这是人的情感求异、求新的特点造成的。当今，技术的发展和日益复杂的需求都使得工业设计概念外延和内涵呈现多样化的扩展态势。传统工业设计的核心是产品设计。伴随着历史的发展，设计内涵的发展也趋于更加广泛和深入。现在，人类社会已进入了现代工业社会，设计所带来的物质成就及其对人类生存状态和生活方式的影响是过去任何时代都无法比拟的，现代工业设计的概念也由此应运而生。

2005年的芝加哥设计策略高峰会提出：工业设计不是只设计外观和风格，而是有着非常丰富和深刻的内涵，工业设计需要对人、对社会组织以及对自己想要达成的目标有着深刻的理解。因此，"工业设计"的最新定义已经扩展为"为物品、过程、服务以及它们在整个生命周期中构成的系统建立起多方面的品质"，因此，设计既是创新技术人性化的重要因素，也是经济文化交流的关键因素。

工业设计关注于由工业化所衍生的工具、组织和逻辑创造出来的产品、服务和系统。限定设计的形容词"工业的（industrial）"必然与工业（industry）一词有关，也与它在生产部门所具有的含义，或其古老的含义"勤奋工作（industrious activity）"相关。也就是说，设计是一种包含了广泛专业的活动，产品设计、服务设计、平面设计、室内设计和建筑设计都在其中。这些活动都应该和其他相关专业协调配合，进一步提高设计对象的价值。

可见，传统主要以产品为核心对象的设计活动，其设计关注和解决的外延和内涵已经延伸到产品以外的商业模式、生活方式、文化形式等的构建。由于设计目标和价值的变化，新时代的工业设计不再是对功能问题的简单回答，而是通过对"人""事"的关注，对"心"的理解，在批量化生产的背景下，以对"物"的设计为载体，最终实现人的生活过程与价值体验的理想。

在信息时代，工业化以来所积累的设计思想、观念、方法等，作为传统逻辑在一定程度上被颠覆。工业设计的内涵与外延正发生着新的变化，其领域也在扩大，越来越多地向其他领域渗透而趋于边缘化，以致"工业设计"这一俗称的概念已无法涵盖其全部内涵。这个时期，无论是设计师还是生产者，面对的都是多元化的消费市场——消费需求日益复杂化、细分化，需求趋向个性。不同于刚性生产方式下的以单一产品满足广大使用者，信息时代的设计与生产必须以更准确而快速的反应，适应消费者不断变化的感性上的追求和个性上的满足。数字化和网络技术正在设计者、生产者和使用者之间充当媒介，一方面面对需求，与生产者形成默契；另一方面，采用信息化手段进行客户管理，向使用者发布概念产品，探测需求倾向，获得认可后便投入生产，针对小面积市场的个性需求可通过柔性化生产方式进行产品制造。

2015年10月，国际工业设计协会联合会在韩国光州召开第29届年度代表大会，宣布将沿用近60年的"国际工业设计协会联合会"正式更名为"世界设计组织"（World Design Organization，WDO）。会上还宣布了工业设计的最新定义，即"（工业）设计旨在引导创新、促发商业成功及提供更好质量的生活，是一种将策略性解决问题的过程应用于产品、系统、服务及体验的设计活动。它是一种跨学科的专业，将创新、技术、商业、研究及消费者紧密联系在一起，共同进行创造性活动，并将需解决的问题、提出的解决方案进行可视化，重新解构问题，并将其作为建立更好的产品、系统、服务、体验或商业网络的机会，提供新的价值以及竞争优势。（工业）设计是通过其输出物对社会、经济、环境及伦理方面问题的回应，旨在创造一个更好的世界。"

1.2　产品的诞生

设计是解决问题的过程，一个产品的诞生是发现问题、分析问题到解决问题的最终方案，既不同于艺术家的感性创作，也不同于一般工程人员的技术产品开发，是一个综合性的产品开发程序，其中涵盖了工程设计、产品设计、市场拓展、产品生产等诸多环节。

1.2.1　从问题到概念

发现问题、分析问题和解决问题是设计教育中的三大环节，其中，发现问题是设计的基础。

1. 发现问题

发现问题的方法有多种，常用方法如下：

（1）观察　观察是设计调研中最常用的方法之一，是观察消费行为潜在需求的有效工具。一般分为短期记录和较长期观察。短期记录，即直接观察，主要通过摄影的方式记录场景或目标消费者个体的行为片段，例如街头观察、商场观察、娱乐场所观察等。而较长期的观察要求设计师日常性地加入目标群体，更多地关注用户群体的行为，聚焦于人们在一段时间里使用产品或服务过程中的行为与活动，摄影和录像是主要的记录和分析手段。

（2）访谈　访谈也是较常用的调研方法，企业通过与消费者面对面的座谈，可以直接获得消费者的意见和反馈，消费者也乐于与其他人分享使用经验与日常生活的点滴心得。这些对企业而言是不可多得的设计参考，也是设计师掌握消费者动态，作为新产品概念的重要来源。

访谈所得到的结论必须通过适当的文字、故事图版加以展现，并形成特定的图表，精要地揭示与设计突破点之间的关系。

2. 调研资料的整理

通过观察、访谈，可以获得大量来自消费者、产品、社会、文化等方面的信息，但并非每条信息都对设计有参考价值。面对这些资料，设计师需要通过收集和整理的方法找到设计的方向。

资料的收集——尽量多地从网络、书籍期刊、实际生活记录等途径收集资料。

资料的选择——快速评价资料，舍弃无价值的资料，对有明显想法的资料进一步深入收集。

资料的分类——根据一定的规律，对资料的种类、性质、系统等分类。这一步是必需的，有助于设计概念的清晰条理化。

资料的分析——细致地研究资料的因果关系、相关联系、特点、倾向，并进行评价，找出最有可能突破和最需要解决的地方。

资料的综合——根据设计任务的目的，对已分析的资料进行组合或加工，形成完整的概念和背景要点。

资料的蓄积——活用调研的要点和结果，在后续的设计中不断联系或检视，会给设计带来新的启发。

3. 形成概念定位

经过一系列针对消费者、产品、社会、文化、技术等方面的调研，产品设计的方向逐渐清晰，要解决的重点问题也逐步明确。接着，就要进入产品的概念定位阶段，也就是通常所说的产品企划阶段。在此阶段，明确的概念定位有助于设计师在产品功能、使用、形态、色彩、材料、生产加工方式等不明确的情况下，确立具体的方向，将产品概念性的构想具体化。

可以说，概念定位是前期广泛调查、思考、探索基础上的收获过程，也就是根据消费者或市场的需求，找到产品差异性的"亮点"，并将其明确化。

1.2.2 从概念到方案

当完成设计的调研、趋势的研究和概念定位之后，得出的简要结果为设计师带来了更为清晰、有意义的创意方向，包括产品的概念、产品与消费者/环境的关系、设计的目标等内容，并结合概念性的图像参考，而后就进入造型设计的创作阶段。

1. 设计概念视觉化

设计概念视觉化的过程就是将概念语言（企划定位）转化成可视觉化、可感知的成果，透过设计草图、效果图（2D Drawing 或 CAID 3D Rendering）或模型将设计概念表达出来。设计概念要想具体、清晰地呈现出来，必须通过实际可触的、从图样到立体模型的一系列手段，才能在设计师、企业管理者、消费者之间进行有效的沟通。因此，这是关键性的创造阶段，也是设计师最为核心的任务，取决于设计师的美感、创意实力及经验。设计概念视觉化主要完成以下内容：基于产品特定的概念定位和意义，将产品的形式风格、色彩、材料、结构、使用方法等构想具体化。

视觉化的过程是一个从大的形态创造到小的细节推敲、从初步的设计草图到较为精细的渲染效果图的过程（图1-3）。

a)

b)

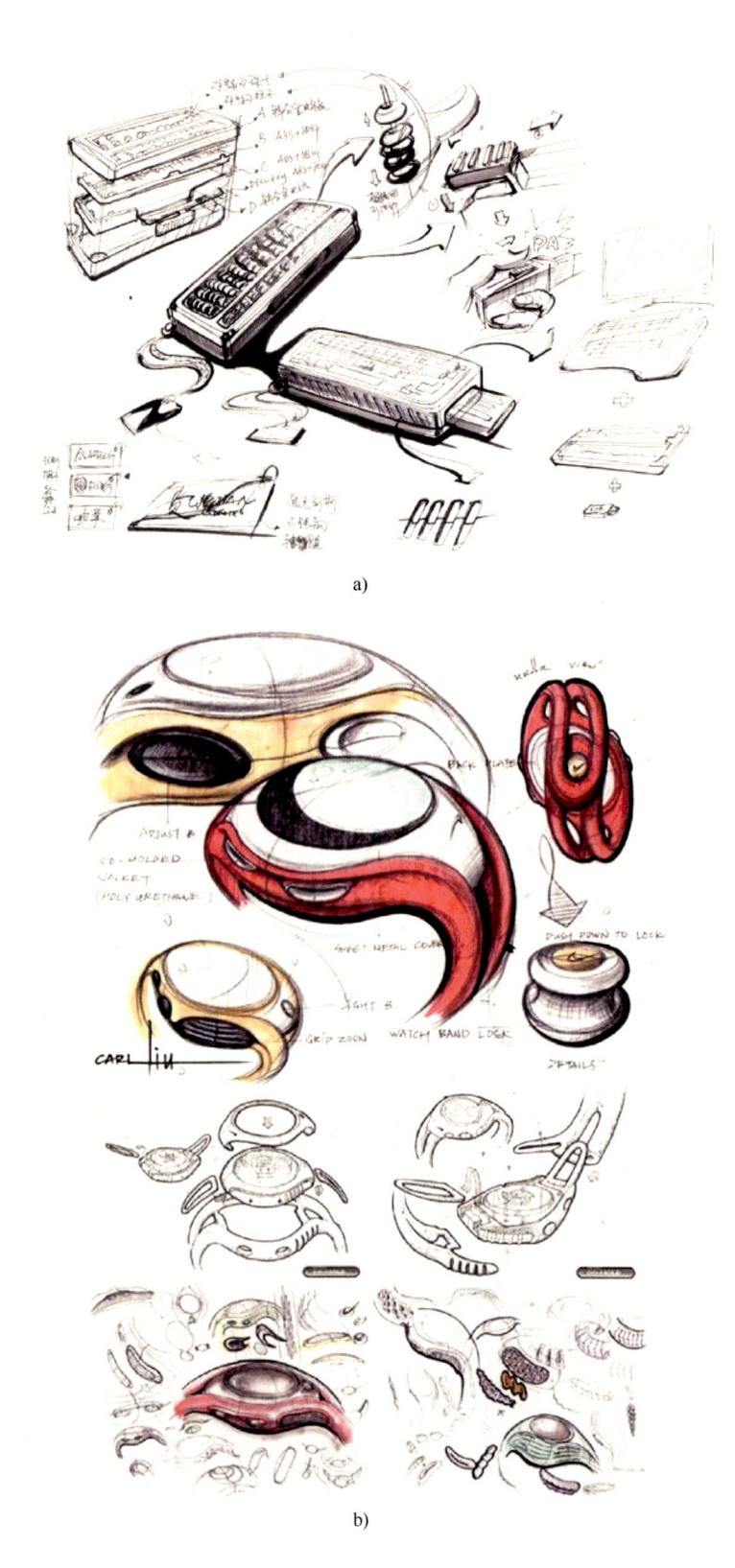

图 1-3 草图——设计概念视觉化的过程

2. 设计方案研究

设计概念视觉化完成以后，进入设计方案的研究阶段，就是把抽象的、技术性的概念描述，转化成用户可体验、可感知和富于情感的真实的物品，以满足用户需要和创造新的用户体验。其研究内容可分为以下几个方面：

（1）造型研究　产品造型设计涉及形态、功能、结构等多个方面，它既是概念的视觉载体，也是设计师艺术创造的魅力所在。形态是最具视觉传达力的要素之一，但形态的创造不同于单纯的审美创造，它结合了设计师在基本功能要求理解下的艺术趣味和审美理解，基于产品的功能和性能特征的表达以及材料和机构特点的发挥，是为了表示技术的合理存在，是一种"特有的视觉形式"。而且，很多现代工业产品直接或间接概括了自然形态中所包含的精神，在抽象形态中集中表现美感、功能与结构，符合现代生产发展的要求。

形态的创造必须注意功能与结构、单元形态、尺度比例、材料选择、表面处理的整体协调。应该说，新材料和制造技术的发展给产品造型设计提供了更大的自由空间，不过形态与功能、结构的关系在某些产品上还相当密切。所以，注意功能和结构、制造的限制，寻找突破的解决方法，是较为重要的。一方面是围绕产品功能、结构基础做有序的演变，运用产品属性的分解、变化与重构、造型元素间的排列组合，对产品整体造型进行变化，产生全新的形式。另一方面，则是采用形象变化的方法，可以与原产品保持结构上的相似，而在外观形态上进行差异性变化，也可以对形态整体或局部进行逆转、变形、重构或装饰，从而带来新的变化。

（2）色彩研究　色彩也是视觉化的主要方面。应该说色彩具有重要的功能，通过色彩可以使人产生联想、传达语意或左右情绪。可以以色彩象征某种规定的功能，以色彩制约和诱导使用行为或以色彩结合形态对功能进行暗示。同时，色彩也是某种仪式、记忆、象征、情感的集合，它具有超乎寻常的力量，表达情感，自然带动连锁反应，勾起人们的种种想法和感觉。

产品的色彩相对来讲具有特定的背景和特性，它与产品的功能、形态、材料等属性相关，与工作环境和消费者的生活环境相联系。从商业的角度看，色彩还与产品的形象识别、企业形象相适应，广泛应用于产品群的系列矩阵。

在产品色彩的研究中必须注意它的功能性、地区性、系统性和流行性。既要了解产品的习惯性用色，又要敢于突破，在产品的整体或某些部分，追求色彩的差异性变化。要多注意产品色彩的变化性，在流行时尚和社会文化的影响下，消费者和设计师都会对色彩产生新的感觉和认识。例如，Apple 公司产品的颜色变化（图1-4）在一定程度上影响了消费者的审美。因此，设计师要特别关注色彩的流行变化，关注流行色的发布，使用公众持续看好、富有生命力的色彩。

同时，产品材料的表面处理也对色彩的表现有影响。即使是同样的色彩，由于表面处理的不同，其视觉效果也会大不相同，可以呈现出高光、亚光或特殊氧化处理的肌理质感。这些都给色彩的视觉化表现带来不同的品位个性，也为设计师带来更多的创作空间。

3. 人机工学

人机关系的研究是视觉化过程中必须考虑的重要因素，体现了设计以人为本的原则。人机工学反映在产品上就是要充分考虑人的动作和视觉等特性，从心理上、视觉上、使用上使产品与人相适应；是易用、易懂，在视觉上能让使用者轻易识别，操作上明确易懂、有效

图 1-4　Apple 公司产品丰富的色彩

率。例如屡获设计大奖的博世电动工具（图 1-5），因为符合人机工学，使用舒适度高，所以为消费者所推崇。人机工学方面做得不好的产品会影响使用，制约功能的发挥。

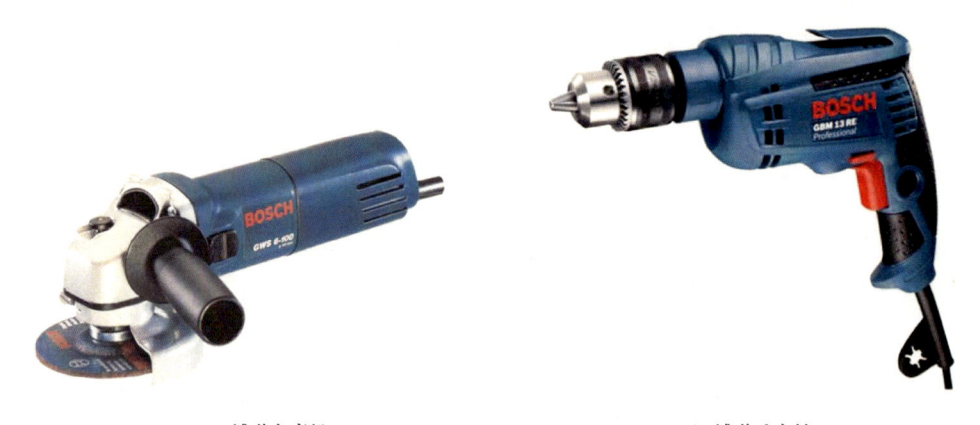

a) 博世角磨机　　　　　　　　　　b) 博世手电钻

c) 博世绿篱机

图 1-5　博世电动工具

设计始终是以人为本的，充分考虑产品中的人机工学，不仅要考虑产品的整体，还要考虑产品的细节，例如把手、按键、旋钮等。在产品硬件本体以外，配套软件也要考虑人机工学。

4. 界面研究

界面作为一种传达理念、操作等信息的综合方式，直接影响产品使用的便利性，并进一步影响用户对产品整体形象的评价。电子产品的界面设计如图 1-6 所示。

a)　　　　　　　　　　　　　　　　b)

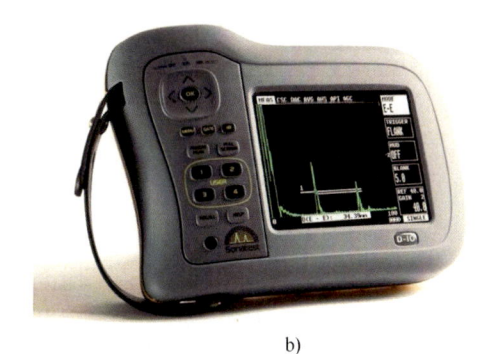

图 1-6　电子产品的界面设计

1.2.3　从方案到产品

当设计的一系列概念图完成、设计方案初步确定后，就进入外观模型阶段。外观模型是一个比设计草图更有效的设计意念沟通工具，通过模型来展示和衡量设计概念的可行性更加直接有效。对于设计师来说，必须熟悉各种常用的成形技术，包括金属的钣金、压铸成形、冲压成形，塑料的注射、真空成型等；从设计的层面尽可能地接近量产，培养与制造工程阶段合作和对接的能力，产品设计内部结构及功能的实现交由结构部门进行研究、评估、修改等。之后进行消费者测试、设计定位检视、寻求合适的产品表面处理方法（包括颜色、材料、表面处理等），最终进入产品试制阶段（图 1-7）。

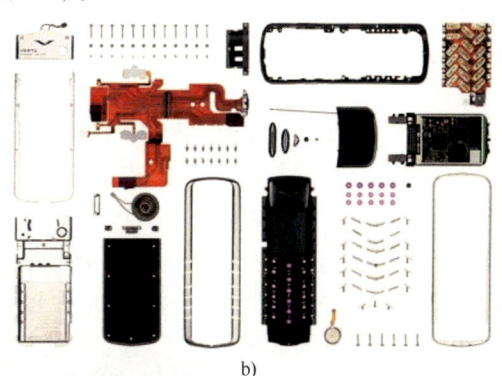

a)　　　　　　　　　　　　　　　　b)

c)

图 1-7　VERTU 手机的工艺制造

1.3　影响产品设计的因素

万事万物皆在运动之中。设计者们努力寻求最优的产品设计方案以求更好地满足市场需求,然而在产品落地之前,市场环境常常发生改变,这就使得产品处在不断优化、不断再设计之中。设计者设计的产品是在不断变化的大环境中产生的,了解这一点对设计具有现实意义。

产品的设计过程包含了五个要素:市场、科学技术、市场环境、可持续与环境因素和工业设计。一个优秀的设计师能敏锐地觉察科学技术发展带来的变化。科学技术的发展需要适宜的市场环境。产品的设计需要考虑减少对生态的负面影响,应有绿色属性,从长远来说,应该具有可持续性。对于21世纪的消费者来说,产品性能和价格不是做出选择的决定性理由,他们还希望通过购买产品获得愉悦感等其他满足,当然还有更多的因素影响产品设计,但上述因素比较突出,并且不同因素之间常常存在冲突。

1.3.1　市场

目前,随着我国国力的增强和人民生活水平的提高,个性化需求为产品设计提供了动力。一个产品的诞生通常是设计者对市场需求做出的反应,但是有时候设计者也会创造需求。革命性的产品会给市场带来震撼——航拍无人机、智能手机出现在市场上之前,很少有人会对这些产品有需求。设计师产生这些概念的灵感不是源于市场,而是科学和技术进步的结晶,如轻质碳纤维材料、微型电动机、高性能芯片等。

1.3.2　科学与技术

变革的驱动力中最不可预测的部分就是科学本身。以材料为例,在工程上材料绝大部分消耗在结构性应用上,水泥和混凝土、钢材和轻质合金、结构性聚合物和复合材料——这些材料是20世纪研发的重点——并在技术上达到成熟。而今,新的科学技术又能带来什么呢?

轻质和耐高温的材料具有巨大的优势,从而促使人们对其进行大力研究和开发。同时,设备微型化发展的趋势提出了力学性能和温度性能的新问题——通常情况下体积小意味着产品结构需要超薄纤巧,材料要有特别的刚度和强度,同时能耗要降低,密度要大,对新材料的温度性能提出了较高的要求。

总之,科学技术的发展为产品创新提供了灵感和可能。

1.3.3　可持续性和环境因素

所有的人类活动都会对自然环境造成影响。当影响在一定范围内时,自然环境有能力恢复,可以承受非持久性的损害和破坏。但是目前人类的活动所造成的影响已经超出环境的承受极限,不仅降低了我们的生活质量,还威胁到子孙后代的幸福。考虑环境因素的产品设计通常需要努力调整产品的设计过程,以改善已知的、可测量的环境恶化。关心可持续性是更长久的观点,使产品达到既满足现在需求又不危及子孙后代生活的平衡。

1.3.4　经济和投资氛围

许多设计从未进入过市场。将产品设计成功转化成产品需要投资,而这种投资需要对市场充满信心。这种信心来源于对设计本身的认可以及这种产品在市场中的竞争力。产品的商业化是为了寻求产品带来的商业利益。

如果一种产品在市场上的价值大于成本,这种产品在经济上就是有活力的,这一点也决定了这种产品的潜在回报。价值依赖于产品的目标市场和目标产业。举例来说,对于山地自行车爱好者来说,一辆钛合金制自行车是极具吸引力的,对于他们来说,这件产品的价值大于它的价格,但是对于普通的顾客来说,他们则认为这件产品的价格远远超过其价值。

产品量产需要投资,具有价值回报的产品才能吸引到投资,而产品的价值取决于市场竞争力。展示产品的市场竞争力是一家企业的重要工作之一,只有技术、市场和商业活动评估都具有吸引力时,产品才能获得商业化投资实现量产。

1.3.5 工业设计

产品开发的成功,实际上是产品技术设计和工业设计的双重成功,其关键在于技术设计和工业设计的融合与平衡。

1. 产品的差异化

许多产品在技术上已经成熟,在技术性能方面的差别比较小,性能相当的产品,其价格也几乎相当。由于市场上这类产品已经饱和,所以要通过产品的差异化来刺激销售。这就意味着开发一种有别于同类商品的个性化产品,以满足特定用户的口味和需求。例如手机品类除了主流智能机,还有结实、防水的户外手机,按键大、功能简单的老人手机,具有定位、通话功能的儿童电话手表(图1-8)。

a) 户外手机　　　　　　b) 老人手机　　　　　　c) 儿童电话手表

图1-8 满足特定用户需求的设计

2. 界面简单易懂

如果用户通过产品的外观和图标即可了解其使用方法,那么这个产品就是简单易用、对用户友好的。产品的尺寸、比例、形状和颜色可以表达其功能和控制方式;灯光、声音、显示和图案可以表达产品的运行状态。除了产品本身具有的功能,用户还希望有一个简单易懂的界面。通常情况下,产品上留给交互界面的空间相对较小,但是好的工业设计可以解决这一问题。

3. 公司和品牌的身份

公司及其产品带给消费者的形象是公司最具价值的资产之一。一些公司的名称就是其最大的资产。创造和展示这种形象以及将这个形象从上一代产品传递到下一代产品中去,是工业设计的一个作用，工业设计涉及公司的各个方面，产品、广告甚至建筑物体系。不管是航空公司、铁路公司，还是制造业公司，都通过工业设计将它们的风格传达给大众。

4. 产品寿命

产品都有一个"设计寿命"，但是未必遵循。在实际情况中，当市场或用户不再需要这种产品的时候，这种产品就达到了它的生命末期。一般情况下，汽车的设计寿命接近12年，但实际上很多保养良好的老爷车依旧能正常发动；埃菲尔铁塔当年的设计寿命为20年，但一个多世纪过去了，它依旧是巴黎的象征。

5. 案例分析

前述的几种影响产品设计的因素——市场、科学技术、市场环境、可持续与环境因素和工业设计——是怎样影响产品或产品系列的？现以电吹风机为例予以说明。

电吹风机大约在19世纪40年代中期便得到了广泛使用。从诞生之日起，电吹风机的基本功能就没有发生任何改变，一台电动机驱动风扇，将空气吹过加热组件，热气流通过一个喷嘴喷出，将头发吹干。早期的电吹风机功率仅为100W。这种电吹风机的壳体由蜡模铸造或由型钢板压制而成，体积大而笨重（图1-9a）。随着技术的发展，出现了离心风扇，把电动机放置在风扇的轮轴上，使电吹风机的体积大大减小（图1-9b）。

a) 早期的电吹风机　　　　　　　　b) 轴向风流设计的电吹风机

图1-9　电吹风机

聚合物材料的发展带动了电吹风机的发展，如酚醛塑料等。早期的聚合物材料电吹风机款式主要是对原有金属款式电吹风机的造型仿制，具有相同的形状和部件，而且连接的扣件数量比金属款式电吹风机还要多。聚合物材料的优势是它们给了装饰性外形更大的选择空间。图1-10所示的电吹风机在一定意义上已经偏离了原有的工业框架，开始迎合消费者的时尚意识。和老式的电吹风机相比，聚合物材料新款电吹风机在设

图1-10　聚合物材料新款电吹风机

计上有了很大的改变，不仅重量减轻，出风温度也略有下降（因为聚合物熔点较低）。

一款使用新型陶质电动机的电吹风机带有温度传感器用于检测是否超温，在必要的时候会自动切断电流；具有更高的空气流速，因而具有更大的高比功率，并且使加热元件和电吹风机外壳之间不再需要绝缘部件。现代电吹风机的外壳充分利用了聚合物的特性，分两部分成形，一般情况下只有一个扣件。便于拆装的喷嘴充分利用了聚合物高强度/弹性模量比的性能。这种设计具有质地轻、效率高的特点，颇受年轻人的喜爱。目前，金属外壳的电吹风机已经非常罕见。

近几年，电吹风机的设计焦点已经转移到技术上来。电吹风机品类的市场增量主要来源于细分社会群体（儿童、旅行者等），他们在视觉、触感等方面有不同的喜好，例如为儿童设计的史努比电吹风机（图 1-11）、为旅行者设计的便携式电吹风机。还有外壳设计为半透明的电吹风机，内部的加热元件等通过磨砂的外壳朦胧可见。从每一个案例中都可以看到技术进步和设计创新获得的优势，从而吸引消费者的关注度，扩大市场份额。

值得一提的是英国 Dyson 公司于 2016 年发布的 Supersonic 电吹风机（图 1-12）。工业设计师、发明家詹姆斯·戴森（James Dyson）凭借真空吸尘器起家，成立 Dyson 公司，他被英国媒体称为"英国设计之王"。Supersonic 电吹风机沿用了 Dyson 公司的超高速数字变频风扇和气流倍增技术，能大幅度增加气流量。超高速数字变频风扇由于体积小巧，被放置在手柄内，手柄下方则是进风口。使用时用户的手握在手柄上，也就是电吹风机的重心所在，所以持握的舒适度会有所提升。凭借独特的电动机技术和工业设计风格，Supersonic 电吹风机占据了高端电吹风机市场较大的份额。

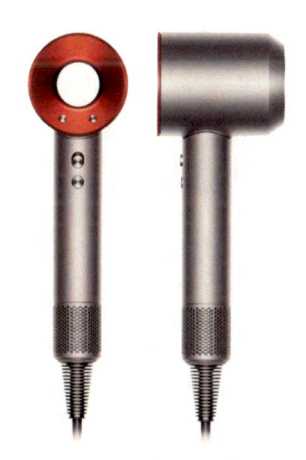

图 1-11　史努比电吹风机　　　　图 1-12　Supersonic 电吹风机

目前，工业设计已经融入大部分产品的设计过程中。无论是太阳镜、咖啡机、加湿器等轻工业产品，还是起重机、消防车辆等重工业产品，都可以看到工业设计的影子。简而言之，工业设计对于任何产品都是重要的，必不可少的。

1.4　工业设计人才的知识结构

对于工业设计人才的能力要求，国内外设计企业、协会和设计教育专家都提出过很多建议。例如美国工业设计协会曾就工业设计人才规格向设计公司、企业的设计部门等单位做了调研,以了解就业市场对工业设计教育的要求。调查列举了工业设计毕业生应具有的26项专业能力,要求对各项能力的重要性做出评价。排在前九的分别是:创造性地解决问题、2D概念草图、口头及书面表达、材料与工艺、计算机及辅助工业设计、多学科交流、概念模型制作、企业实习、设计理论。其他方面,如平面设计、工程技术、认知与消费心理、研究与信息处理、市场营销实践、艺术与设计史、人文学等,也很受企业看重。

可以看出,以上大多是工业设计专业学生应具备的基本技能。在信息时代,产品的功能渐趋一致,但面对的市场环境却日益复杂,产品之间全球化竞争也日趋激烈,这些都使得企业对工业设计人才的要求不再停留于基本技能,会更关注以下一些条件:提升产品附加值的能力、颠覆传统产品逻辑的设计能力、以"人"为诉求重点的设计思考、展望未来发展新产品的能力、融入企业的文化与精神、研发团队的合作能力等。所以,著名设计学者Mike Baxter有远见地提出,工业设计师应满足如下要求:

1) 具有多重专业技能。
2) 完全以消费者为导向。
3) 服从系统设计方法的理念。
4) 熟知市场营销。
5) 熟悉各种制造专业。
6) 熟悉设计和工程设计。
7) 在解决问题的基础上具有创造力。

在这样的背景下,工业设计人才的培养就需要打破原有设计课程和工科课程的界限,更新教学观念,从设计层面尽可能地接近量产,培养设计实现的能力,使创意的结果尽可能转换成可实现的产品。

1.5 思考与练习

1. 举例说明影响产品设计的因素。
2. 产品的诞生需要经过哪几个环节?

第 2 章

金属材料与加工工艺

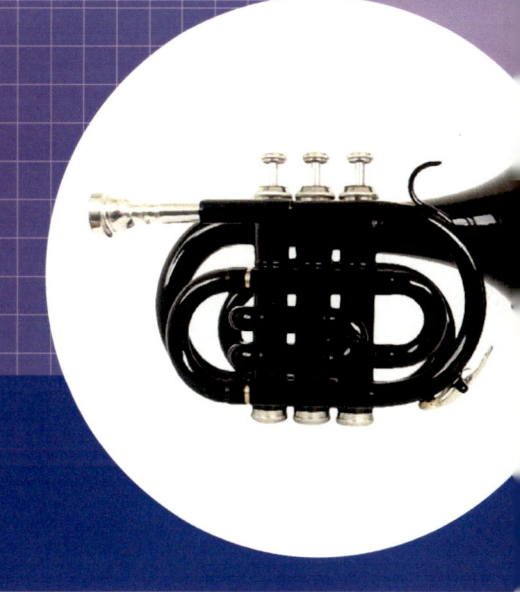

2.1 金属材料概述

金属材料是金属及其合金的总称。在现代工业中,应用最广的金属材料是黑色金属材料,其次是有色金属材料。近年来,性能优异、用途广泛的新型合金材料也为现代社会的快速发展提供了重要支持。具体到设计学科,无论是传统的工艺美术,还是现代的大工业生产,金属材料都占据了非常重要的位置,如图 2-1~图 2-6 所示。

图 2-1 南京金箔

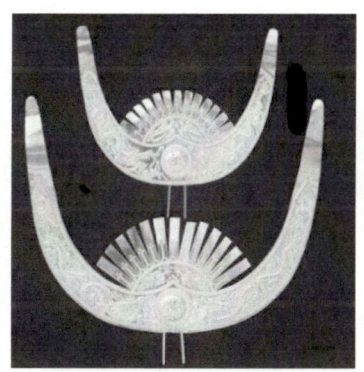

图 2-2 苗族银饰

图 2-3 铜陵铜艺

图 2-4 芜湖铁画

图 2-5 永康锡雕

图 2-6 乌铜走银

金属材料具有光泽、延展性、易导电、易传热，除汞外，金属材料在常温下均为固体。常见的金属材料一般具有较高的强度、硬度及韧性，具有良好的机械加工性能。在人类发现的100多种元素中，金属元素约占八成，金属元素与人类的生产、生活密切相关。地球上的绝大多数金属元素是以化合态存在的。这是因为大多数金属元素的化学性质比较活泼，只有极少数的金属元素，如金、银，以游离态存在于自然界。

金属材料有多种分类方法，如图2-7所示，不同学科研究的金属种类和金属特性也不相同。站在工程材料的角度，可以把金属材料分为黑色金属和有色金属两种。冶金行业也是按照这种方法进行分类的，这是因为黑色金属材料在国民经济中占有极重要的地位。

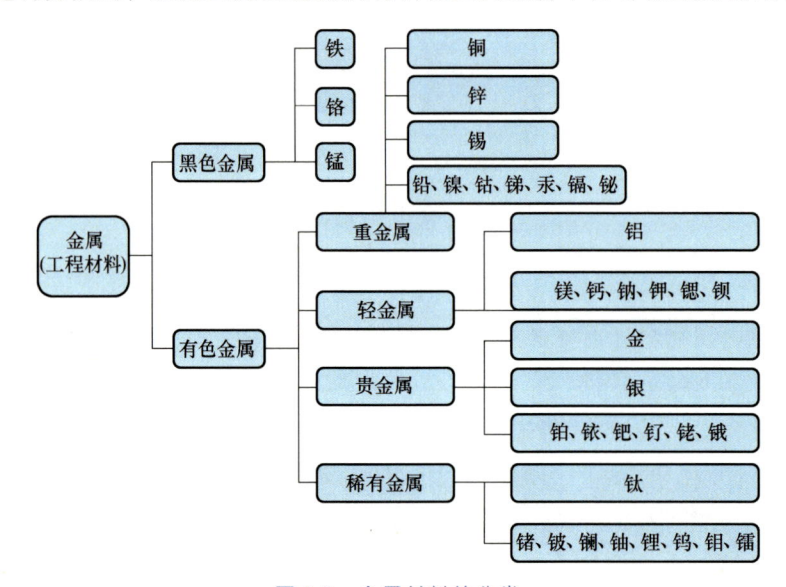

图2-7 金属材料的分类

黑色金属又称为钢铁金属，通常指铁、锰、铬及它们的合金（主要指钢铁）；锰和铬主要应用于生产合金钢，而钢铁表面常覆盖着一层黑色且致密的四氧化三铁薄膜，所以把铁、锰、铬及它们的合金称为黑色金属。

有色金属通常是指除黑色金属以外的其他金属，如金、银、铜、镍、铝、铅等，因其各具颜色，故称有色金属。有色金属可细分为四类。

（1）重金属　从理论上说，密度大于$4.5g/cm^3$的金属，都称为重金属。原子序数从23（钒，V）至92（铀，U）的天然金属元素有60种，其中54种的密度都大于$4.5g/cm^3$，因此从密度的意义上讲，这54种金属都是重金属。但是，真正划入重金属范畴的只有10种金属元素：铜、铅、锌、锡、镍、钴、锑、汞、镉和铋。这10种重金属有两点共性，一是密度均大于$4.5g/cm^3$，二是少量摄入对人体有害。

（2）轻金属　密度小于$4.5g/cm^3$的有色金属称为轻金属，如钠、钙、镁、铝、钾、锶、钡等。

（3）贵金属　贵金属主要指金、银和铂族金属（钌、铑、钯、锇、铱、铂）。这些金属大多拥有美丽的色泽，具有较强的化学稳定性，价值较高，一般条件下不易与其他化学物质发生化学反应。

（4）稀有金属　稀有金属是在地壳中含量较少，分布稀散或难以从原料中提取的金属，如钛、锗、铍、镧、铀、锂、钨、钼、镭等。

一种金属元素与其他金属元素或非金属元素熔合而成的物质,称为合金。合金的物理性质不同于原来的金属,一般情况下,合金性能比纯金属性能优异,可用于改善材料性能。

2.2 黑色金属及其合金

黑色金属一般指钢铁金属,生产生活中的钢铁一般是铁与碳(C)以及少量的其他元素所组成的合金,碳的含量对钢铁的力学性能有较大影响,故钢铁统称铁碳合金。

铁在自然界中蕴藏量极为丰富,约占地壳元素含量的 5%。铁元素很活泼,容易与其他物质结合。历史上,钢铁的出现早于青铜,这是因为人类最早获得的钢铁来自天上的陨石;但是,钢铁的大规模使用却晚于青铜。一个主要的原因就是钢铁的冶炼熔点(1500℃左右)高于青铜的冶炼熔点(850℃左右)。同时,钢铁的力学性能也远远超过了青铜,所以从青铜器时代到铁器时代是人类文明的一次历史性飞跃。在中国的春秋战国时期,即公元前 770 年至公元前 221 年间,由于鼓风设备的进步,中国的冶铁技术便一直处于世界领先地位,这也是中华文明能够引领世界千年的一个非常重要的原因。

钢铁是目前工程技术中最重要、用量最大的金属材料。在结构材料和工具材料范围内,钢铁的用量占到了 90% 以上。钢铁之所以得到如此广泛的应用,与其性能是密切相关的。钢铁有优越的综合性能,包括力学性能(强度、硬度、冲击韧性、疲劳强度等)、冷加工性能、热加工性能以及耐蚀性能等。此外,成熟的冶炼技术和比较便宜的价格也是其得到广泛应用的重要原因。

工业上一般根据碳的质量分数把钢铁材料分为工业纯铁、钢材和铸铁。

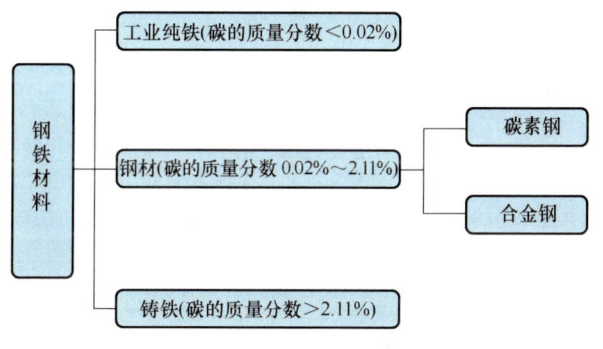

图 2-8 钢铁材料的分类

一般来说,工业纯铁(Fe)特点是强度低、硬度低、塑性好、价格昂贵;铸铁杂质多、硬度大、耐磨性好、铸造性好,但同时韧性差,易脆易断,几乎没有塑性,因而不能锻压;钢材不仅具有良好的韧性和塑性,而且耐蚀、易加工、抗冲击,因此被广泛利用。

2.2.1 工业纯铁

工业纯铁是钢的一种,铁的质量分数为 99.8%~99.9%。工业纯铁质地软,韧性大,电磁性能很好,在通信、电子、军工、国防等领域的精密仪器中有较多的应用。

2.2.2 铸铁

碳的质量分数大于 2.11% 的铁碳合金称为铸铁。由于冶炼工艺简单、价格便宜,铸铁在机械设备中有极其广泛的应用。例如在农机中,铸铁的应用达到 40%~60%(质量分数);在汽车、拖拉机中,铸铁的应用达到 50%~70%;在机床中,铸铁的应用更是达到 60%~90%。

黑色金属及其合金

铸铁中碳的质量分数越高，在浇注过程中流动性就越好。铸铁中的碳元素以石墨和碳化铁两种形式存在，其中石墨的形态对铸铁的性能影响很大，一般据此将铸铁分为白口铸铁、灰铸铁、可锻铸铁和球墨铸铁四种，如图2-9所示。白口铸铁由于其性脆大而应用较少。

铸铁因其良好的流动性和优异的铸造性能，易于浇注成各种复杂形态，具有良好的机械加工性、耐磨性、耐热性和减振性，成本低，所以广泛应用于建筑、桥梁、机械等领域。

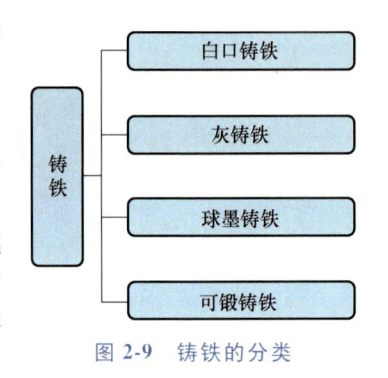

图2-9 铸铁的分类

1. 灰铸铁

灰铸铁以其断口面呈灰色而得名。灰铸铁中碳的质量分数较高（2.7%~4.0%），碳元素主要以片状石墨形态存在，简称灰铁；熔点低（1145~1250℃），凝固时收缩量小，抗压强度和硬度接近碳素钢，减振性好；由于片状石墨的存在，其耐磨性和铸造性均较优良，多用于铸造件，如图2-10所示。

灰铸铁的牌号以"灰铁"二字的汉语拼音首字母"HT"开头，后加表示其抗拉强度（以MPa为单位）的数字来表示，如常用的灰铸铁牌号HT150。

2. 球墨铸铁

球墨铸铁的断口呈银灰色，这种铸铁因含有球状石墨而得名，简称球铁。将灰铸铁铁液经球化处理后获得球墨铸铁，这种工艺有效提高了铸铁的力学性能，特别是提高了塑性和韧性，有些性能甚至优于碳钢。

图2-10 灰铸铁茶壶

球墨铸铁金相图如图2-11所示。其牌号以"QT"后面附两组数字表示，例如，QT45-5（第一组数字表示抗拉强度，第二组数字表示断后伸长率）。球墨铸铁可以用来代替重要受力零件的锻件毛坯以降低制造成本，如内燃机的曲轴等。

球墨铸铁是20世纪50年代发展起来的一种高强度铸铁材料，其综合性能接近于钢，正是基于其优异的性能，已成功地用于铸造一些受力复杂，强度、韧性、耐磨性要求较高的零件，如图2-12所示。球墨铸铁已迅速发展为仅次于灰铸铁的、应用十分广泛的铸铁材料，在要求不太严苛的情况下，可以代替钢材使用。

图2-11 球墨铸铁金相图

图2-12 球墨铸铁的应用

3. 可锻铸铁

可锻铸铁是白口铸铁浇注成形后，经过退火处理得到的，简称韧铁。因为其组织均匀，石墨以团絮状存在，塑性、韧性、抗拉强度和伸长率均得以提高，所以可锻铸铁较耐磨损，性能优良，但它实际上不像其名称那样可以锻造，常用于制造形状复杂、需承受动载荷的零件（图2-13）。日常生活用水、煤气管道的连接管件（三通、四通、弯头、对丝等）都是可锻铸铁件。有些机器零件的外形复杂、受力较大，也采用可锻铸铁制造，如卡车的后桥壳。

可锻铸铁的牌号是由代表"可铁黑"的字母"KTH"或代表"可铁珠"的字母"KTZ"，加上表示铸铁抗拉强度值（MPa）和表示伸长率的百分数的两组数字组成。如牌号KTH300—06表示抗拉强度为300MPa、伸长率为6%的黑心可锻铸铁，即铁素体可锻铸铁；KTZ450—06表示抗拉强度为450MPa、伸长率为6%的珠光体可锻铸铁。

图 2-13 可锻铸铁防爆穿线盒

2.2.3 碳素钢

碳素钢简称碳钢，即碳的质量分数在0.0218%~2.11%范围内的普通铁碳合金。钢在冶炼过程中会带入许多杂质，一般是少量的硅、锰、硫、磷。由于杂质不是我们主动要求带入的，而是在冶炼过程中被动带入的，因此碳钢被称为铁碳二元合金。但杂质会影响碳钢的性能，尤其是有害杂质，如硫、磷，会使钢的性能大幅度下降。因此，在钢的冶炼过程中，必须有效控制有害杂质的含量。一般碳钢中碳的质量分数越高则硬度越大，强度也越高，但塑性越低。

1. 碳素钢的分类

碳素钢的分类方法如图2-14所示。

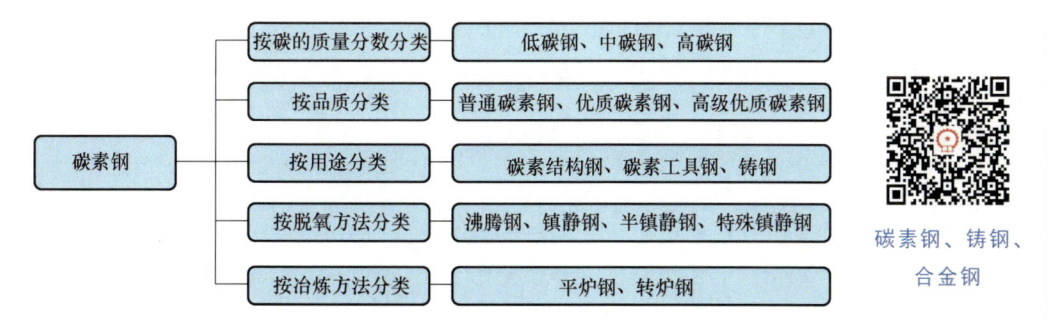

图 2-14 碳素钢的分类方法

碳素钢、铸钢、合金钢

（1）按碳的质量分数分类

低碳钢：碳的质量分数 $w_C<0.25\%$。

中碳钢：碳的质量分数 $w_C=0.25\%\sim0.6\%$。

高碳钢：碳的质量分数 $w_C>0.60\%$。

（2）按品质分类　按品质分类的含义是控制碳钢中以硫、磷为主的有害杂质的含量。

普通碳素钢：含磷、硫较高，$w_S\leq0.05\%$，$w_P\leq0.045\%$。

优质碳素钢：含磷、硫较低，$w_S \leq 0.035\%$，$w_P \leq 0.035\%$。

高级优质碳素钢：含磷、硫更低，$w_S \leq 0.03\%$，$w_P \leq 0.03\%$。

(3) 按用途分类

碳素结构钢：碳的质量分数相对较低，用于加工制造工程构件和机器零件，大多数是中低碳钢。

碳素工具钢：碳素工具钢中碳的质量分数（$w_C = 0.65\% \sim 1.35\%$）较高，用于制造各种工具（量具、刃具、工具、模具、夹具等）。

铸钢：铸钢中碳的质量分数一般为 0.15%～0.6%。铸钢的铸造性能比铸铁差，但力学性能比铸铁好。

(4) 按脱氧方法分类

沸腾钢：炼钢时仅加入锰铁进行脱氧，脱氧不完全。这种钢液铸锭时，有大量的一氧化碳气体逸出，钢液呈沸腾状，故称为沸腾钢，代号为"F"。沸腾钢组织不够致密，成分不太均匀，硫、磷等杂质偏析较严重，故质量较差。但因其成本低、产量高，故广泛用于一般工程。

镇静钢：炼钢时采用锰铁、硅铁和铝锭等作为脱氧剂，氧的质量分数不超过 0.01%。这种钢液铸锭时能平静地充满锭模并冷却凝固，故称为镇静钢，代号为"Z"。镇静钢虽成本较高，但其组织致密，成分均匀，含硫量较少，性能稳定，故质量好，适用于预应力钢筋混凝土等重要结构工程。

半镇静钢：脱氧程度介于沸腾钢和镇静钢之间，故称为半镇静钢，代号为"b"。半镇静钢是质量较好的钢，一般用于轻轨、钢筋、矿井支柱、锅炉支架、矿车、一般建筑结构构件、中低压石油化工压力容器、屋面板、民用中小型钢和普通钢板等。

特殊镇静钢：比镇静钢脱氧程度更充分的钢，故称为特殊镇静钢，代号为"TZ"。特殊镇静钢的质量优于镇静钢，适用于特别重要的结构工程。

按冶炼方法分类：

平炉钢：平炉容量大，冶炼时间长，钢材质量高。

转炉钢：转炉容量较小，但冶炼时间短。按吹氧方式又分底吹、侧吹和顶吹三种方式。

不同的冶炼方法对钢的质量有一定影响。另外，还有电炉炼钢，用各种电能形式（以电弧加热为多）冶炼，成本较高，但可冶炼各种高级合金钢。

2. 碳素结构钢

碳素结构钢中碳的质量分数较低，一般为 0.05%～0.70%，个别可高达 0.90%。碳素结构钢用途很多，用量大，主要用于铁道、桥梁、各类建筑工程，制造承受静载荷的各种金属构件及不重要、不需要热处理的机械零件和一般焊接件。

碳素结构钢可分为普通碳素结构钢和优质碳素结构钢两类。

(1) 普通碳素结构钢　普通碳素结构钢含杂质较多，价格低廉，用于对性能要求不高的地方，碳的质量分数多数在 0.30% 以下，锰的质量分数不超过 0.80%，强度较低，但塑性、韧性、冷变形性能好。除少数情况外，一般不进行热处理，直接使用，多制成条钢、异型钢材、钢板等。

普通碳素结构钢的牌号由代表屈服强度的字母（Q）、屈服强度值、质量等级符号、脱氧方法符号四部分按顺序组成。如图 2-15 所示，Q235-A·F，表示屈服强度是 235MPa，质量等级为 A 级，脱氧方法为沸腾钢的碳素结构钢。

Q235-A·F
- 屈服强度235MPa
- 质量等级（A类钢、B类钢、C类钢，一种传统的钢材分类方法）
- 脱氧方法（F—沸腾钢、b—半镇静钢、Z—镇静钢）

图 2-15　普通碳素结构钢的型号分析

（2）优质碳素结构钢　和普通碳素结构钢相比，优质碳素结构钢中硫、磷及其他非金属杂质的含量较低。优质碳素结构钢钢质纯净，杂质少，力学性能好，可经热处理后使用。根据锰的质量分数分为普通含锰量（小于 0.80%）和较高含锰量（0.80%~1.20%）两组。碳的质量分数在 0.25% 以下的优质碳素结构钢，多不经热处理直接使用，或经渗碳、碳氮共渗等处理，制造中小齿轮、轴类、活塞销等；碳的质量分数在 0.25%~0.60% 的，典型钢号有 40、45、40Mn、45Mn 等，多经调质处理，制造各种机械零件及紧固件等；碳的质量分数超过 0.60% 的，如 65、70、85、65Mn、70Mn 等，多作为弹簧钢使用。生活中常见的 45 钢，经调质后可获得良好的综合力学性能，常用于制造各种机械零件。

优质碳素结构钢的牌号由代表碳的质量分数（0.01%）的两位数字表示，当钢中锰的质量分数较高（w_{Mn} = 0.7%~1.2%）时，在两位数字后面加上符号"Mn"。如图 2-16 所示，65Mn 表示较高含锰量、碳的质量分数为 0.65% 的优质碳素结构钢。

65 Mn
- 碳的质量分数（w_C=0.65%）
- 较高含锰量（w_{Mn}=0.7%~1.2%）

图 2-16　优质碳素结构钢的型号分析

3. 碳素工具钢

碳素工具钢中碳的质量分数为 0.65%~1.35%。随着含碳量逐渐增高，其硬度和耐磨性增强，但塑性和冲击韧性降低，主要用于制造各种金属加工工具，如锻模、冷冲模、各种切削刀具等。与合金工具钢相比，其加工性良好，价格低廉，使用范围广泛，所以它在工具生产中用量较大。碳素工具钢分为碳素刃具钢、碳素模具钢和碳素量具钢。碳素刃具钢指用于制作切削工具的碳素工具钢，碳素模具钢指用于制作冷、热加工模具的碳素工具钢，碳素量具钢指用于制作测量工具的碳素工具钢。

碳素工具钢中，含碳量较低的 T7 具有良好的韧性，但耐磨性不高，适于制作切削软材料的刃具和承受冲击负荷的工具，如木工工具、镰刀、凿子、锤子等。T8 具有较好的韧性和较高的硬度，适于制作冲头、剪刀，也可制作木工工具。含锰量较高的 T8Mn 淬透性较好，适于制作断口较大的木工工具、煤矿用凿、石工凿和要求变形小的手锯条、横纹锉刀。T10 耐磨性较好，应用范围较广，适于制作切削条件较差、耐磨性要求较高的金属切削工具，以及冷冲模具和测量工具，如车刀、刨刀、铣刀、搓丝板、拉丝模、刻纹凿子、卡尺和塞规等。T12 硬度高、耐磨性好，但是韧性低，适于制作不受冲击的、要求硬度高、耐磨性好的切削工具和测量工具，如刮刀、钻头、铰刀、扩孔钻、丝锥、板牙和千分尺等。T13 是碳素工具钢中含碳量最高的钢种，其硬度极高，但韧性低，不能承受冲击载荷，只适于制作切削高硬度材料的刃具和加工坚硬岩石的工具，如锉刀、刻刀、拉丝模具、雕刻工具等。

碳素工具钢的牌号由代表碳的字母"T"加上表示碳的平均质量分数（0.1%）的两位数字组成，优质碳素工具钢在牌号末尾附加"A"符号，当钢中含锰量较高时，在末尾处加上符号"Mn"。

如图 2-17 所示，T10AMn 表示较高含锰量、碳的质量分数为 1.0% 的优质碳素工具钢。

图 2-17 优质工具钢的型号分析

4. 铸钢

工程实际中有许多大型、复杂、受力较大的结构零件，如轧钢机机架、水压机横梁、大型齿轮、锻锤砧座等，用锻造方法无法满足结构要求，用焊接、铸铁来制作又不能满足力学要求，这就需要采用铸钢件来实现。铸钢是指专用于制造钢质铸件的钢材。但铸钢的金属液流动性不如铸铁，故浇注结构的厚度不能太小，形状也不应太复杂。将含硅量控制在上限值时可改善金属液的流动性。

铸钢分为铸造碳钢、铸造低合金钢和铸造特种钢三类。

（1）铸造碳钢 以碳为主要合金元素并含有少量其他元素的铸钢。碳的质量分数小于 0.2% 的为铸造低碳钢，碳的质量分数为 0.2%～0.5% 的为铸造中碳钢，碳的质量分数大于 0.5% 的为铸造高碳钢。随着含碳量的增加，铸造碳钢的强度增大，硬度提高。铸造碳钢具有较高的强度、塑性和韧性，成本较低，在重型机械中用于制造承受大负荷的零件，如轧钢机机架、水压机底座等；在铁路车辆上用于制造受力大又承受冲击的零件，如摇枕、侧架、车轮和车钩等。

（2）铸造低合金钢 含有锰、铬、铜等合金元素的铸钢。合金元素总质量分数一般小于 5%，具有较大的冲击韧性，并能通过热处理获得更好的力学性能。铸造低合金钢比碳钢具有较优的使用性能，能减小零件质量，提高使用寿命。

（3）铸造特种钢 为适应特殊需要而炼制的合金铸钢，品种繁多，通常含有一种或多种高量合金元素，以获得某种特殊性能。例如，锰的质量分数为 11%～14% 的高锰钢能耐冲击磨损，多用于制造矿山机械、工程机械中的耐磨零件；以铬或铬镍为主要合金元素的各种不锈钢，用于制造在有腐蚀或 650℃ 以上高温条件下工作的零件，如化工用阀体、泵、容器或大容量电站的汽轮机壳体等。

铸钢的牌号由代表"铸钢"两字的字母"ZG"加两组数字组成，第一组数字表示屈服强度，第二组数字表示抗拉强度。如图 2-18 所示，ZG200—400，表示屈服强度是 200MPa，抗拉强度是 400MPa 的铸钢。

图 2-18 铸钢的型号分析

2.2.4 合金钢

1. 合金钢概述

在实际的工业生产中，碳素钢虽然性能优异，但是也不能完全满足生产生活的需要；另外碳素钢本身也存在一些天然的缺陷。例如，碳素钢的淬透性低，屈强比较低，抗氧化、耐蚀、耐热、耐低温、耐磨损以及特殊电磁性等方面较差。为了提高钢材的性能，在铁碳合金中加入合金元素，可得到合金钢。根据添加元素的不同，并采取适当的加工工艺，可获得高强度、高韧性、耐磨、耐蚀、耐低温、耐高温、无磁性等特殊性能。

国际上使用的合金钢有上千个牌号，数万个规格，合金钢的产量约占钢总产量的10%，是国民经济建设和国防建设大量使用的重要金属材料。合金钢的主要合金元素有硅、锰、铬、镍、钼、钨、钒、钛、铌、锆、钴、铝、铜、硼、稀土等。

合金钢是在钢中加入一种或多种其他元素而获得的具有某些特殊性质和用途的钢铁材料，有多种分类方法。

按合金元素含量进行分类，可以分为低合金钢（合金元素总质量分数低于5%）、中合金钢（合金元素总质量分数为5%~10%）、高合金钢（合金元素总质量分数高于10%）。

按所含的主要合金元素进行分类，可以分为铬钢（Cr-Fe-C）、铬镍钢（Cr-Ni-Fe-C）、锰钢（Mn-Fe-C）、硅锰钢（Si-Mn-Fe-C）等。

按小试样正火或铸态组织进行分类，可以分为珠光体钢、马氏体钢、铁素体钢、奥氏体钢、莱氏体钢。

最常用的分类方法是按用途进行分类，可以分为合金结构钢、合金工具钢、特殊用途钢，如图2-19所示。

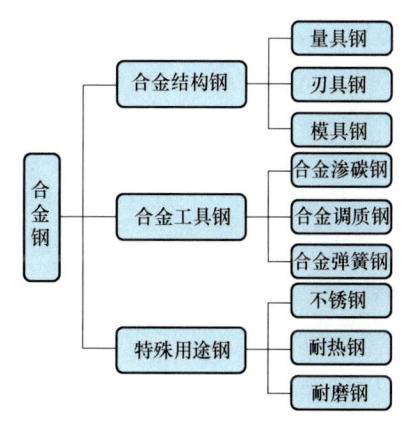

图2-19 合金钢的分类方法

2. 合金钢牌号表示方法

合金钢种类繁多，牌号复杂。合金钢的牌号一般是由符号、碳的质量分数数字、合金元素符号及合金元素质量分数数字组成，如图2-20、图2-21所示。

1 Cr18 Ni Ti
- 合金元素符号（$w_{Ni}<1.5\%$）
- 合金元素符号及其质量分数（$w_{Cr}=18\%$）
- 碳的质量分数（$w_C=0.1\%$）

G Cr9
- Cr的质量分数（$w_{Cr}=0.9\%$）
- 符号（滚动轴承钢）

图2-20 合金钢的牌号分析（一） 　　图2-21 合金钢的牌号分析（二）

合金钢牌号最前的数字表示碳的质量分数，低合金钢、合金结构钢、合金弹簧钢等用两位数字表示平均碳的质量分数（以万分之几计）；不锈耐酸钢、耐热钢等，一般用一位数字表示平均碳的质量分数（以千分之几计）；碳的质量分数介于0.03%~0.1%的用"0"表示；碳的质量分数小于0.03%的用"00"表示。

对于合金元素，只有当合金元素平均质量分数大于1.5%时才标注合金元素的百（千）分含量，当合金元素平均质量分数小于1.5%时不用标注含量；高碳铬轴承钢，其铬的质量分数用千分之几计，并在牌号头部加符号"G"。

采用汉语拼音字母表示合金钢的名称、用途、特性和工艺方法，如G表示滚动轴承钢，Y代表易切削结构钢，SM代表塑料模具钢等。

在实际生产过程中，合金钢的牌号还有一些特例，如有的不标碳的质量分数数字（如W18Cr4V）；低铬（平均铬的质量分数<1%）合金工具钢，其铬的质量分数用千分之几计，但在含量数值之前加一数字"0"，例如，平均铬的质量分数为0.6%的合金工具钢，其牌号表示为"Cr06"；高级优质合金钢（含S、P较低），在牌号尾部加字母A。

3. 合金结构钢

合金结构钢的用途与碳素结构钢的相应类型近似，但由于在碳素结构钢的基础上添加了一种或数种合金元素，其力学性能明显优于碳素结构钢，因而能满足更高性能的要求。合金结构钢主要有合金渗碳钢、合金调质钢和合金弹簧钢。

合金渗碳钢是指经渗碳处理后的合金钢，具有外硬内韧的性能，用于承受冲击的耐磨件，如汽车、拖拉机中的传动齿轮，内燃机上的凸轮轴、活塞销等。常用的牌号有20Cr、20CrMnTi、20Cr2Ni4等。合金渗碳钢通常采用碳的质量分数为0.17%~0.24%的低碳钢。

合金调质钢主要用于制造在多种载荷（如扭转、弯曲、冲击等）下工作，受力比较复杂，要求具有良好综合力学性能的重要零件，一般需经调质处理后使用。如汽车、拖拉机、机床中的齿轮、轴、连杆、高强度螺栓等。常用牌号有40Cr、35CrMo、38CrMoAl等。与典型调质用优质中碳钢45相对应的合金调质钢是40Cr，它比45钢的性能也有相当大的提高。

合金弹簧钢主要用于制造各种弹簧、卷簧、板簧、拉簧和弹簧垫圈等结构件，在重型机械、铁道车辆、汽车、拖拉机上都有广泛的应用。常用牌号有60Si2Mn、50CrVA、30W4Cr2VA等。

4. 合金工具钢

由于工具使用条件的限制，合金工具钢的普遍特点是合金含量高，且大量使用稀贵合金元素（如钨、铝、钒、铬等）。合金工具钢的用途与碳素工具钢的相应类型近似，按照其用途可以分为量具钢、刃具钢和模具钢。

量具钢具有高硬度、高耐磨性、足够的强韧性，主要用于制造测量工具，如卡尺、千分尺（图2-22）、块规、样板等。一般而言，量具没有专用钢材。简单量具可用高碳钢制造，复杂量具可用低合金刃具钢制造，高精度的复杂量具可用Cr2、CrMn和CrWMn制造。

图2-22 千分尺

刃具钢具有高耐磨性和高的热硬性（即刃具在高温时仍能保持高的硬度），常用于制造低速切削刃具（如木工工具、钳工工具等）和中、高速切削刀具（如车刀、铣刀、铰刀、拉刀、麻花钻等）。常用刃具钢有9SiCr、W18Cr4V、W6Mo5Cr4V2和W6Mn5V2。

模具钢用于冷态或热态下金属的成形加工，如冷冲模、冷挤压模、剪切模、热锻模、压铸模、热挤压模等。模具钢分为冷模具钢和热（锻）模具钢，常用冷模具钢有Cr12、Cr12MoV等，常用热（锻）模具钢有3CrW8V、5CrNiMo等。

5. 特殊用途钢

合金钢除了广泛用作结构和工具材料外，有些合金钢还具有特殊的物理化学性能，能够适应特殊用途的需要。常用的特殊用途钢有不锈钢、耐热钢和耐磨钢三种。

不锈钢具有抵抗腐蚀介质锈蚀的特殊性能，表面经抛光或亚光处理后可广泛用于建筑、家具类、车辆、机械、餐具以及化学装置等领域。不锈钢从微观结构进行划分，可以分为四大主要类型：奥氏体不锈钢、铁素体不锈钢、马氏体不锈钢和复合式不锈钢。奥氏体不锈钢主要应用于家具产品、工业管道以及建筑结构中；马氏体不锈钢主要用于制作刀具和涡轮叶片；铁素体不锈钢具有耐蚀性，主要应用于洗衣机和锅炉零部件中；复合式不锈钢具有更强的耐蚀性，应用于医疗器械等在侵蚀性环境中工作的器具。

常用不锈钢有以铬为主要合金元素的铬系不锈钢和以铬、镍为合金元素的铬-镍系不锈钢，后者具有对硫酸和盐酸的耐蚀性。常用不锈钢的牌号有1Cr13、Cr17、06Cr19Ni10等。在实际生产生活中，业内常用美国钢铁学会不锈钢标示方法来标示各种标准级的不锈钢，如常用的304、316不锈钢。304不锈钢是一种常用的不锈钢，含有18%以上的铬以及8%以上的镍，基本等同于06Cr19Ni10。304不锈钢具有良好的耐蚀性、耐热性，其冲压、弯曲等热加工性好，无热处理硬化现象（使用温度-196~800℃）。304不锈钢在大气中有耐蚀性，但如果是工业环境或重污染地区，则需要及时清洁以避免锈蚀。304不锈钢适用于食品的加工、储存和运输，是我国认可的食品级不锈钢。304不锈钢还具有良好的可焊性。所以，304不锈钢用途广泛，如家庭用品（图2-23、图2-24）、汽车配件、医疗器具、建材、船舶部件等。316不锈钢相对304不锈钢添加了钼（Mo）元素，其耐蚀性和高温强度有较大的提高，但价格也较高。

图2-23　不锈钢餐具　　　　　　　　　图2-24　不锈钢水槽

耐热钢在高温条件下具有良好的高温抗氧化性和高温高强度性能，应用于航空、锅炉、汽轮机、动力机械、化工、石油、工业用炉等领域。常用耐热钢主要为各种以Cr、Mo、V为主要合金元素的钢材，如15CrMo、1Cr18Ni9Ti等，后者也是一种典型的不锈钢。

耐磨钢具有良好的耐磨性能，主要为高含锰量的合金钢，如ZGMn13等，广泛用于制造拖拉机、坦克履带板、挖掘机铲斗零件。

需要特别说明的是，在实际生产生活中，特殊用途钢乃至钢铁的划分并没有严格的界限。例如，不锈钢要求耐蚀，耐热钢要求抗氧化和抗高温蠕变。耐蚀和抗氧化有共通性，因此有的钢种既是不锈钢，也是耐热钢。

2.3 有色金属及其合金

工业上把钢铁材料以外的其他金属及其合金统称为有色金属材料（也称非铁金属）。有色金属材料的历史悠久、种类很多，例如金、银、铝、铜、锡、铅及其合金等，如图2-25所示。虽然有色金属材料与黑色金属材料相比产量低、价格高，但由于其具有某些特殊性能，在机械制造、化工、电器、航空、航天、冶金以及国防等领域得到广泛应用，特别是以铝、镁、钛为代表的有色金属材料，由于其比强度高、使用和工艺性能优异、表面装饰效果丰富，在产品设计领域有更大的发展前景和应用价值。在传统工艺美术行业，以金、银、铜、锡等为代表的金属工艺异彩纷呈，它们是中华民族灿烂文明的重要组成部分，尤其是在强调文化自信的今天，重新发掘与创新传统金属工艺，对于社会的发展有着非常重要的意义。

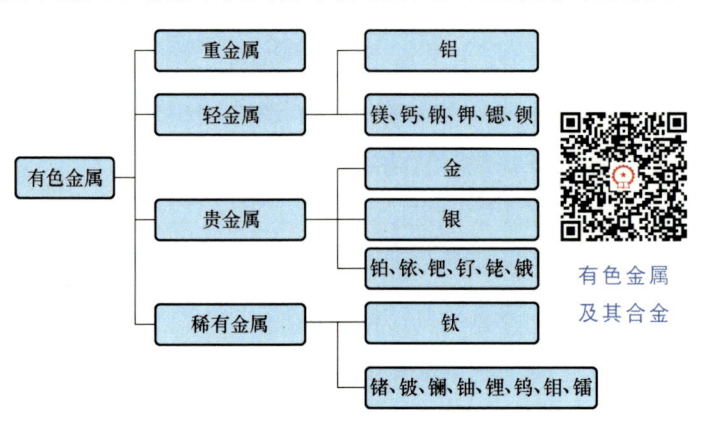

图 2-25 有色金属材料分类

2.4 铝

铝材料可分为工业纯铝、铸造铝合金和变形铝合金三类，如图2-26所示。

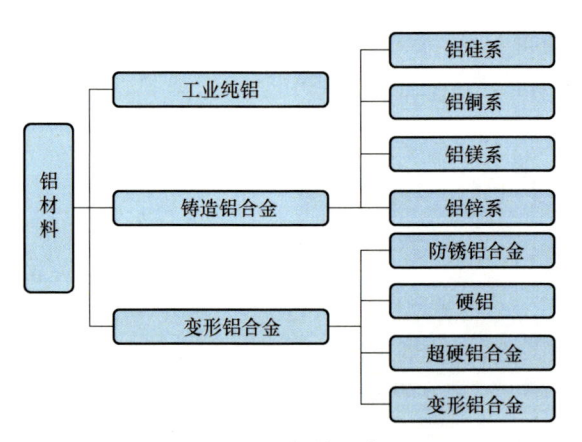

图 2-26 铝的分类

2.4.1 工业纯铝

工业纯铝是呈银白色的轻金属，熔点低（660℃），光泽性好，导电、导热性能优异，仅次于金、银、铜，光反射率高，具有良好的塑性加工性能，纯铝表面能生成致密的氧化膜，在空气中具有良好的耐蚀性，但铸造性能较差。高纯度的铝主要用于制造电器元件、炊具、器皿、散热元件、铝箔等，利用其反射率高的特性也可用于制造反射镜（图2-27）。

工业纯铝的牌号由代表"铝"的字母"L"加上表示纯度的一位数字（0～5）组成。L1～L5，代表纯度的数字序号越大，纯度越低，其导电和导热性能也随其纯度的降低而变差，所以纯度是工业纯铝的重要性能指标。

图2-27 纯铝反射镜

2.4.2 铸造铝合金

铸造铝合金主要有铝硅（Al-Si）系、铝铜（Al-Cu）系、铝镁（Al-Mg）系、铝锌（Al-Zn）系四个系列。

铸造铝合金是以熔融金属充填铸型，获得各种形状零件毛坯的铝合金，具有低密度、比强度较高、耐蚀性和铸造工艺性好、受零件结构设计限制小等优点。大多数铝合金铸件需要进行热处理以达到强化合金、消除铸件内应力、稳定组织和零件尺寸的目的。铸造铝合金常用于制造梁、燃汽轮叶片、泵体、挂架、轮毂、进气唇口、发动机的机匣、汽车的气缸盖、仪器仪表的壳体等零件。铸造铝合金的牌号由代表"铸铝"的字母"ZL"加上三位数字组成。三位数字中，第一位数字表示铝合金类别号，第二、第三位数字表示铝合金顺序号如图2-28所示。

ZL 1 02
├─ 铸造铝合金
├─ 铝合金类别：1—铝硅系 2—铝铜系 3—铝镁系 4—铝锌系
└─ 铝合金顺序号表示化学成分和性能

图2-28 铸造铝合金牌号说明

铝硅系铝合金是最常用的铸造铝合金，通常硅的质量分数为4%～13%，又称为"硅铝明"合金。铸造性能最佳，裂纹倾向性极小，收缩率低，有很好的耐蚀性、气密性以及足够的力学性能和焊接性能。铝硅系铝合金常用于制造形状复杂、承载较小、要求质轻并有一定耐蚀性和耐热性要求的薄壁铸件，如仪器仪表面板、壳体、气缸体、气缸盖、轮毂、发动机箱体等，如图2-29所示，在用量上几乎占铸造铝合金的50%。

a) 铝合金轮毂　　　　b) 铝合金发动机箱体

图2-29 铝合金材料

铝铜系铝合金是最早出现的工业铸造铝合金。该系合金有高的强度和热稳定性，但铸造性和耐蚀性差，铜的质量分数一般低于铜在铝中的溶解度极限（5.85%）。铝铜系铝合金常用于制造内燃机气缸盖、活塞等高温下工作的零件。

铝镁系铝合金强度高，耐蚀性最佳，密度小，有较好的气密性。铝镁二元铸造合金，镁的质量分数为11.5%，多元合金中镁的质量分数一般为5%左右。铝镁系铝合金常用于制造泵体、长期在大气和海水中工作的耐蚀零件，如轮船和内燃机配件等。

铝锌系铝合金在铸造状态就具备淬火组织特征，不进行热处理就可获得高的强度，但合金的密度大。该合金系是在硅铝明合金的基础上加锌而成，因此也称"锌硅铝明"合金。铝锌系铝合金常用于制造形状复杂，承受较高载荷的零件，如汽车零件和精密仪表零件等。

2.4.3 变形铝合金

变形铝合金通常由冶金工厂通过轧制、挤压、锻造和拉拔等压力加工方法，制成板材、带材、管材、棒材、箔材、型材和锻件等半成品的工业型材。有热处理可强化的铝合金，包括硬铝合金、超硬铝合金、锻造铝合金；还有热处理不可强化的铝合金，主要是各种防锈铝合金。变形铝合金广泛应用于制造电子产品、飞机、汽车的结构件、螺旋桨、高速列车蒙皮等。

变形铝合金的代号由代表"铝"和"合金类别"的汉语拼音首字母加上表示合金顺序号的两位数字组成。如图2-30所示，LY12表示顺序号为12的硬铝合金。

LY 12

变形铝合金序号：不同序号代表不同的化学成分和性能
变形铝合金类别：LF—防锈铝合金；LY—硬铝；LC—超硬铝；LD—锻铝

图 2-30 变形铝合金牌号说明

防锈铝合金主要包括铝锰（Al-Mn）系和铝镁（Al-Mg）系的合金，该类合金不可热处理强化，因此强度较低，通常通过加工硬化来提高强度及硬度。这类合金的主要性能特点是具有优良的耐蚀性，故称为防锈铝合金。防锈铝合金一般在退火或冷加工硬化状态下使用，它具有高塑性、低强度、优良的耐蚀性及焊接性，易于加工成形，并具有良好的光泽和低温性能。

防锈铝合金主要用于冲压方法制成的中、轻载荷焊接件和耐蚀件，如油箱、管道、饮料易拉罐（图2-31a）和生活器具等。铝镁系的防锈铝合金耐酸性和耐海水腐蚀性好，广泛应用于家具、建筑、车辆、轮船的内外装饰，还常用于制造手机或平板电脑的外壳（图2-31b）。银白色的铝镁合金外壳可使产品更加豪华美观，并且可以通过多种表面处理工艺使产品外观呈现出多种个性化的肌理，例如，3C产品外壳用阳极氧化工艺可以呈现多种色彩，用拉丝工艺可以表达出简洁的科技风格，这是近几年CMF领域研究的一个热点。这些肌理效果是工程塑料以及碳纤维所无法比拟的。因而铝镁系防锈铝合金成了便携型笔记本电脑的首选外壳材料，大部分厂商的笔记本电脑产品采用了防锈铝合金外壳。但由于铝镁系防锈铝合金并不是很坚固耐磨，成本较高，比较昂贵，而且成形比ABS困难（需要用冲压或压铸工艺），所以笔记本电脑一般只把防锈铝合金使用在顶盖上，很少有机型用它制造整个机壳。

a)   b)

图 2-31 防锈铝合金应用示意

硬铝是指铝合金中以 Cu 为主要合金元素（还含有 Mg 和 Mn 等）的一类铝合金。硬铝硬度高、比强度（强度与密度之比）接近高强度钢，但耐蚀性低于纯铝，尤其是不耐海水腐蚀，便于加工，可作轻型结构材料。

硬铝用于制造质轻的中等强度结构件，在航空工业上应用较多，如飞机上的骨架零件、蒙皮、翼梁、铆钉、螺旋桨叶片等，现在硬铝面板也开始应用于手机或笔记本电脑外壳（图 2-32）等电子消费品领域。

超硬铝合金指的是具有超高强度的铝锌镁铜系合金，是现有铝合金中强度最高的，故又有超高强铝合金之称，其比强度已相当于超高强度钢。超硬铝合金典型合金牌号有中国的 LC4 合金、美国的 7075 合金。

超硬铝合金的比强度相当于超高强度钢，但耐蚀性较差，常采用压延法在其表面包覆铝，以提高耐蚀性。主要用于制造受力较大的结构件，如飞机大梁、桁条、加强框蒙、起落架（图 2-33）等。

锻铝合金属于变形铝合金的一类，代号 LD，包括铝镁硅铜系变形铝合金和铝镁硅系变形铝合金。锻铝的力学性能接近于硬铝，耐蚀性较好，热塑性和锻造性都很好，在加热状态下具有优良的锻造性。锻铝合金高温强度低，热塑性好，也可轧制成板材或其他型材，主要用于制造要求密度小、中等强度、形状比较复杂的锻件和冲压件，如内燃机活塞、离心式压气机的叶轮、叶片、飞机操纵系统中的摇臂等。

图 2-32 硬铝合金应用   图 2-33 飞机起落架

2.5 铜

铜（Cu）是人类最早使用的金属之一。早在史前时代，人们就开始采掘露天铜矿，铜的使用对早期人类文明的进步影响深远。世界上最早的冶炼铜发现于我国的陕西。1973年，在陕西临潼姜寨文化遗址中，发现了一块半圆形黄铜片和一块黄铜管状物，年代测定为公元前4700年左右。在我国古代，铜主要用于器皿、艺术品及武器的铸造，比较有名的文物有司（后）母戊鼎、四羊方尊等。铜也是耐用的金属，可以多次回收重复使用，因此又称为绿色金属。在我国有色金属材料的消费中，铜的使用量仅次于铝。

2.5.1 工业纯铜

纯铜是质地相对柔软的金属，密度为$8.96g/cm^3$，熔点为1083℃。纯铜呈紫红色，导电、导热性能在金属中仅次于银，因此是电缆、电器元件和散热设备中最常用的材料，也可用作建筑材料和装饰材料。纯铜具有良好的塑性、加工性和焊接性，但强度不高，铸造性能差。

铜合金与锌合金

工业用纯铜的牌号由代表"铜"的字母"T"加上表示纯度的一位数字（0~4）组成。T1~T4，代表纯度的数字序号越大，表示纯度越低，如电线、电缆是用T1或T2号纯铜制造的。

2.5.2 黄铜

铜合金是人类利用较早的金属合金之一。铜合金与纯铜相比，不仅强度高，而且具有优良的物理性能和化学性能，主要用于制作发电机、电缆、开关装置、变压器等电工器材和热交换器、管道、太阳能加热装置的平板集热器等导热器材。常用的铜合金分为黄铜、青铜、白铜三大类。

黄铜是以锌作为主要添加元素的铜合金，具有美观的黄色，故称黄铜。铜锌二元合金称为普通黄铜或简单黄铜。三元以上的黄铜称为铸造黄铜或复杂黄铜。黄铜具有明亮的金黄色泽，良好的力学性能、耐蚀性和冷热加工性能，广泛用于装饰品和建筑五金器具。

1. 普通黄铜

普通黄铜具有良好的力学性能、耐蚀性和工艺性能。合金中铜、锌两种元素的质量分数对普通黄铜的性能影响很大。黄铜中锌的质量分数小于32%（铜锌含量比接近7∶3，俗称"七三"黄铜）时，具有极好的塑性变形能力，可以在常温下进行塑性加工，所以称为冷加工黄铜。如含锌30%的黄铜常用来制作弹壳，俗称弹壳黄铜。黄铜中锌的质量分数大于32%（铜锌含量比接近6∶4，俗称"六四"黄铜）时，需要在加热条件下进行塑性变形，但是具有较高的强度和耐蚀性，所以称为热加工黄铜。黄铜的应用如图2-34所示。

普通黄铜的牌号由代表"黄"的字母"H"和表示铜的质量分数的数字组成。例如H68表示铜的质量分数$w_{Cu}=68\%$，其余为锌的普通黄铜。

2. 铸造黄铜

铸造黄铜是用于生产铸件的黄铜。黄铜铸件广泛应用于机械制造、舰船、航空、汽车、建筑等领域，在有色金属材料中占有一定比重，形成了铸造黄铜系列。铸造黄铜具有良好的

a) 黄铜硬币　　　　　　　　　　　b) 弹壳

图 2-34　黄铜的应用

铸造性能和机械加工性能，并且由于铸造黄铜中含有大量的锌，成本较低，因此得到了广泛应用，如图 2-35 所示。

铸造黄铜虽有一定的强度、硬度和良好的铸造工艺性能，但耐蚀性较差。由于锌的化学性质活泼，电极电位又较低，使得黄铜较易被腐蚀。特别是在海水及其他带有电解质的腐蚀介质中，黄铜组织中的富铜相与富锌相之间产生相间电流，加剧了电极电位较低的富锌相的腐蚀，这种腐蚀称为脱锌腐蚀。所以，铸造黄铜中通常添加少量其他合金元素（主要有 Mn、Al、Fe、Si、Pb 等）来改善其性能，从而形成可满足各种使用要求的特殊铸造黄铜，如易切削黄铜、海军黄铜、高强度黄铜和压铸黄铜等。

图 2-35　铸造黄铜的应用

铸造黄铜的牌号由"铸"字汉语拼音的字首"Z"，加上铜元素和合金元素符号以及代表合金元素平均质量百分数的数字组成。例如，ZCuZn38 表示平均含锌量 $w_{Zn} = 38\%$，其余为铜的普通铸造黄铜；ZCuZn16Si4 表示合金元素含量分别为 $w_{Zn} = 16\%$、$w_{Si} = 4\%$，其余为铜的铸造硅黄铜，如图 2-36 所示。

ZCu Zn16 Si4
- 合金元素符号及其含量($w_{Si}=4\%$)
- 合金元素符号及其含量($w_{Zn}=16\%$)
- 铸造铜合金

图 2-36　铸造黄铜 ZCuZn16Si4 牌号说明

2.5.3　青铜

青铜是金属冶铸史上最早出现的合金，是铜锡二元合金，具有良好的铸造性能，常用于铸造金属件和装饰雕塑材料。因其埋在土里后发生氧化而使表面呈青灰色，故名青铜，常用青铜材料包括锡青铜、铝青铜、铍青铜、铅青铜等；按工艺特点又分为压力加工青铜和铸造青铜。

青铜的冶炼具有特殊的历史意义，与纯铜相比，青铜具有熔点低、硬度大、可塑性强、耐磨、耐蚀、色泽光亮等特点。1965年在湖北省荆州市江陵县望山1号墓出土的越王勾践剑便是采用青铜制造，如图2-37所示，这把宝剑穿越了两千多年的历史长河，剑身不见丝毫锈斑，依旧寒光闪闪、锋利无比，被誉为"天下第一剑"。

青铜的牌号由"青"字汉语拼音的字首"Q"，加上主要合金元素的符号及代表其平均质量分数的数字和代表其他合金元素的平均质量分数的数字组成。如图2-38所示，QSn4-3表示主加合金元素为Sn，平均含量$w_{Sn}=4\%$，其他合金元素含量为3%的锡青铜。

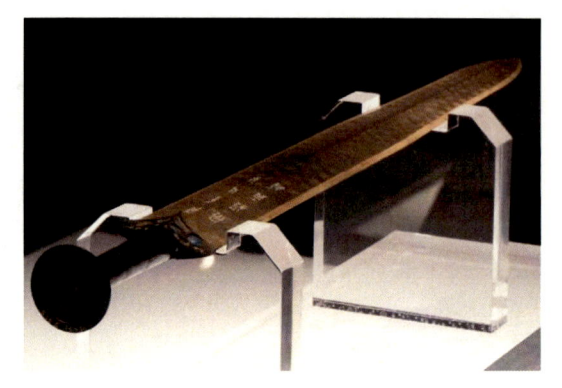

图 2-37　越王勾践剑

图 2-38　青铜 QSn4-3 牌号说明

2.5.4　白铜

白铜的发明是我国古代冶金技术中的杰出成就，我国古代把白铜称为"鋈"［音 wù］。云南是世界上最早的发明和生产白铜的地方，古时云南所产的白铜也最有名，称为"云白铜"。

白铜是以镍为主要添加元素的铜基合金，呈银白色，有金属光泽，故名白铜。铜镍之间彼此可无限固溶，从而形成连续固溶体，即不论彼此的比例多少均能成相。当把镍熔入纯铜里，质量分数超过16%以上时，产生的合金色泽就变得洁白如银，镍的质量分数越高，颜色越白。白铜中镍的质量分数一般为25%。由于镍的价格较高，故白铜比较昂贵。

在铜合金中，白铜因耐蚀性优异，且易于塑形、加工和焊接，常用于制造船舶、石油、化工、建筑、电力、精密仪表、医疗器械、乐器等领域中的耐蚀结构件。某些白铜还有特殊的电学性能，可制作电阻元件、热电偶材料和补偿导线。非工业用白铜主要用来制作装饰工艺品，如图2-39所示。在普通白铜的牌号中，字母B表示镍的质量分数，例如，B5表示镍的质量分数为5%，其余为铜的白铜。其他普通白铜牌号还有B19、B25、B30等。加有锰、铁、锌、铝等元素的白铜合金称复杂白铜（即三元以上的白铜），包括铁白铜、锰白铜、锌白铜和铝白铜等。在复杂白铜中，第二个符号表示除镍以外的主要元素，第三个和第四个数字分别表示镍和主要元素的质量分数。例如，锰白铜BMn3-12为电工铜镍合金，俗称为锰铜，具有高的电阻率和较低的电阻温度系数，其牌号如图2-40所示，BMn3-12表示镍的质量分数为3%，锰的质量分数为12%。

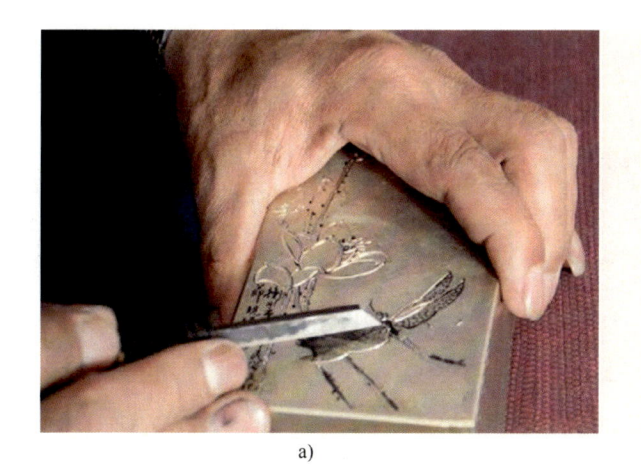

a)    b)

图 2-39 传统工艺——雕刻白铜

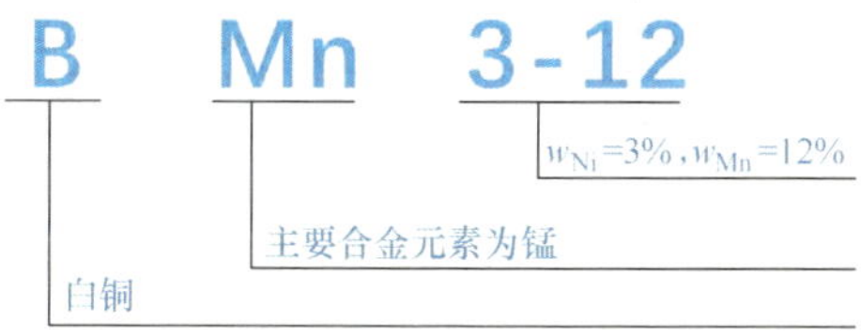

$$\text{B} \underset{\text{白铜}}{} \text{Mn} \underset{\text{主要合金元素为锰}}{} 3\text{-}12 \underset{w_{Ni}=3\%,\ w_{Mn}=12\%}{}$$

图 2-40 白铜 BMn3-12 牌号说明

2.5.5 景泰蓝

　　景泰蓝工艺是把铜工艺和釉瓷工艺整合到一起形成的一种工艺，是我国传统手工技艺之一，距今已有 600 多年的历史。景泰蓝又称"铜胎掐丝珐琅"，是一种在铜质的胎型上，焊上柔软的扁铜丝并掐成各种花纹，再把珐琅质的色釉填充在花纹内，最后烧制而成的器物，如图 2-41 所示。因其在明朝景泰年间盛行，使用的珐琅釉以蓝色为主，故得名"景泰蓝"。近年来，也有产品表面使用景泰蓝工艺作为装饰。

a) 工具    b) 掐丝

图 2-41 景泰蓝工艺

c) 点蓝

d) 烧蓝

e) 打磨

f) 成品

图 2-41　景泰蓝工艺（续）

2.6　锌

锌是一种浅灰色金属，密度为 7.14g/cm^3，熔点为 419.5℃。金属锌的耐蚀性较强，在钢板表面进行镀锌处理能够提高其防锈能力，这种钢板俗称白铁皮。锌的最大用途是镀锌工业，广泛用于汽车、建筑、船舶、轻工等领域。

锌合金的主要添加元素有铝、铜、镁等，用于汽车制造和机械行业。锌本身的强度和硬度不高，但加入铝、铜等合金元素后，其强度和硬度均大为提高，尤其是锌铜钛合金，其综合力学性能已接近或达到铝合金、黄铜、灰铸铁的水平，其抗蠕变性能也大幅度提高。因此，锌铜钛合金已广泛应用于小五金生产中，主要用于制造压铸件，如图 2-42、图 2-43 所示。含少量铅、镉等元素的锌板可制成锌锰干电池负极、印花锌板、有粉腐蚀照相制板和胶印印刷板等。

图 2-42　镀锌螺母

图 2-43　锌合金防盗锁

2.7 锡

锡是俗称的"五金"(金、银、铜、铁、锡)之一,也是排在铂、金、银后面的第四种贵金属。锡质地较软,熔点较低(232℃),可塑性强。锡的化学性质很稳定,富有银白色的光泽,无毒,不易氧化变色,具有很好的杀菌、净化、保鲜效用。生活中,锡常用于食品保鲜、罐头内层的防腐膜等。我国有丰富的锡矿和悠久的开采历史,特别是云南省个旧市,是世界闻名的"锡都"。

锡在常温下富有延展性,在100℃时可以展成极薄的锡箔,旧时常用于香烟、糖果等的包装材料,以防受潮(现已用铝箔代替锡箔)。但锡的延性很差,一拉就断,所以不能拉成细丝。

锡的耐高温和低温能力都比较差,因此,温度低的时候要注意锡器的损伤。锡器的材质是一种合金,其中纯锡的质量分数在97%以上。由于锡及其合金丰富的表面处理工艺,锡器具有典雅的外观造型和平和柔滑的线条,能制成酒具、烛台、茶具、工艺饰品等。

2008年,"永康锡雕"入选第二批国家级非物质文化遗产名录。锡雕也称"锡艺""锡器",如图2-44所示,是广泛流行于中国民间的一种传统锡作艺术,以制造日常生活用品为主。锡作工艺自成体系,主要包括熔化、铸片、造型、剪料、刮光、焊接、擦亮、装饰、雕刻等工序和技巧,生产时按实用功能构造器物形制。成品锡器造型丰富,装饰精巧,工艺精湛,充分体现出设计者的匠心。

a)

b)

图 2-44 锡器

2.8 钛

钛是呈银白色的金属,强度高、耐蚀,熔点高达1668℃,纯钛的密度为4.54g/cm^3,密度远小于钢,略大于镁,机械强度与钢接近。所以钛的比强度位于金属之首,钛和钛合金大量用于航空航天工业。使用钛合金制造的飞机比相同型号的普通飞机具有更大的载重量。在宇宙飞船和洲际导弹中,也大量使用钛代替钢铁。据统计,世界上每年用于航天领域的钛,已达一千t以上,所以钛被誉为宇宙金属和空间金属。

二氧化钛是世界上最白的材料，1g 二氧化钛可以把 450cm² 的面积涂得雪白。它比常用的白颜料——锌钡白还要白 5 倍，因此也是调制白油漆的最好颜料。

钛合金还具有极高的抗拉强度和弹性、高抗疲劳耐久性等众多优异性能，作为功能性材料被广泛应用于国防、机械、能源、交通、航空、控制等领域，是极受关注的尖端材料。钛合金制造的潜艇，既能抗海水腐蚀，又能抗深层压力，其下潜深度相对不锈钢潜艇可增加 80%。由于钛无磁性，不会被水雷发现，具有很好的反侦查能力。钛合金还拥有形状记忆特性，超弹性和极佳的减振性能，可用于制作眼镜架、运动装备等器材。

另外，钛还备受艺术家的青睐。对钛材料表面进行深加工可以得到色彩与质感极为丰富的表观特征。钛的本色是银灰色，经氧化处理后可呈现金色等多种色彩，还可通过腐蚀处理获得凹凸浮雕图案、文字等。用钛制作雕塑，色彩斑斓，更富有艺术性和装饰性。

2.9 硬质合金

机床是现代工业之母，机床可以切削加工多种金属。那么，机床的切削刀具是什么材料制成的呢？如图 2-45 所示，硬质合金就是制造刀具的常用材料之一。

硬质合金是由难熔金属的硬质化合物和黏结金属通过粉末冶金工艺制成的一种合金材料。硬质合金具有硬度高、强度高、超耐磨、韧性好、耐高温、耐蚀等一系列优良性能，特别是它的高硬度和耐磨性，即使在 500℃ 的温度下也基本保持不变，在 1000℃ 时仍有很高的硬度。

1923 年，德国的施勒特尔向碳化钨粉末中加进 10%~20% 的钴作黏结剂，产生了碳化钨与钴的新合金，其硬度仅次于金刚石，这是世界上人工制成的第一种硬质合金。

1969 年，瑞典成功研制出碳化钛涂层刀具，刀具的基体是钨钛钴硬质合金或钨钴硬质合金，表面碳化钛涂层的厚度不过几微米，但是与同牌号的合金刀具相比，使用寿命延长了 3 倍，切削速度提高了 25%~50%。

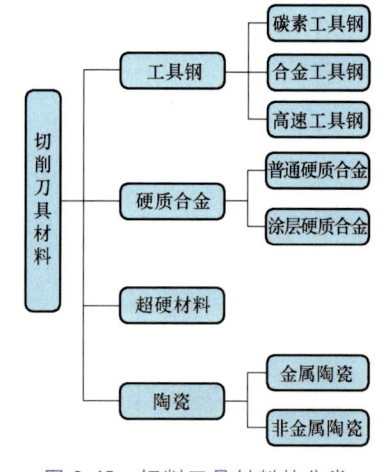

图 2-45 切削刀具材料的分类

硬质合金被誉为"工业牙齿"，广泛用作刀具材料，如车刀、铣刀、刨刀、钻头、镗刀等，用于切削铸铁、有色金属、塑料、化纤、石墨、玻璃、石材和普通钢材，也可以用来切削耐热钢、不锈钢、高锰钢、工具钢等难加工的材料。

2.10 金属材料成形工艺概述

在产品设计方案进入生产试验阶段时，材料和工艺的选择就至关重要。我们不仅需要了解材料的特性和用途，还要掌握各种材料的常用加工方法和成形工艺，才能使材料的选择满足产品设计的要求，确保产品设计的可行性与经济性。

材料行业是制造业的重要组成部分，而工业设计的一个重要任务和方向就是将新材料、新工艺转化为现实的生产力。所以，熟悉应用和改进材料成形工艺是工业设计专业学生必须掌握的基本技能。

在实际生产过程中,金属材料仍然是用量较大的材料,金属材料的发展水平依旧是国民经济发展水平的一个重要衡量标准。

温度是金属成形工艺的重要指标。晶体物质一般来说有三相,分别是固态、液态和气态,在超低温和超高温的情况下,晶体物质又会呈现超固态和等离子态。温度决定着物质呈现的状态,也决定着金属的成形工艺。以钢铁材料为例,其熔点是1500℃左右,沸点是2750℃左右。在实际生产过程中,可以把钢铁材料的成形加工工艺分为三个温度段:常温(20℃左右)、较高温度(1100℃左右)、高温(1500℃左右)。图2-46所示为钢铁材料的塑性与温度的关系。

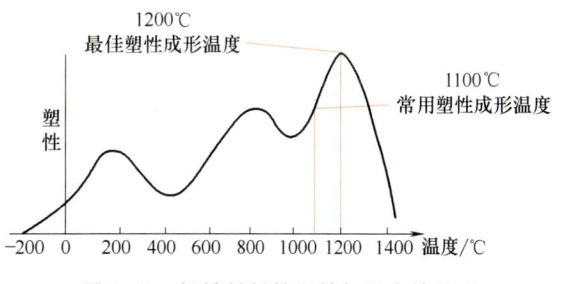

图2-46 钢铁材料的塑性与温度的关系

常温下,钢铁材料主要以机械加工为主,例如传统的车、铣、刨、磨、钻、镗等;较高温度下,主要以塑性变形加工为主,例如锻打、镦粗等;高温下,钢铁材料呈液态,主要以铸造为主。随着科技的进步,新的成形工艺也在不断出现,粉末冶金和3D金属打印技术就是近年来快速应用的成形方法。金属成形工艺分类如图2-47所示。

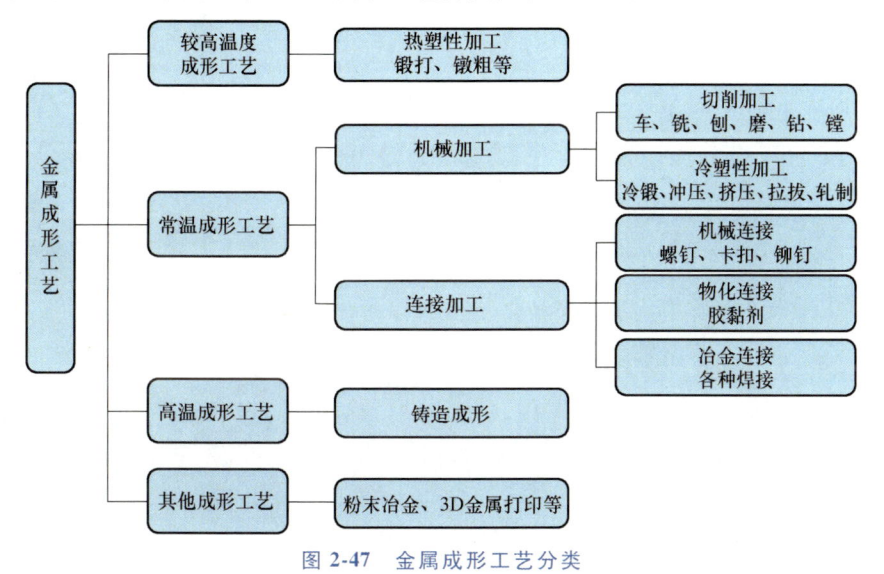

图2-47 金属成形工艺分类

2.11 铸造成形工艺

2.11.1 铸造成形概述

铸造是将金属加热熔融后浇注到依据零件形状制作的铸型中,待金属液凝固后形成具有一定形状的铸件的金属成形方法。根据铸型制作材料的不同,可以分为砂型铸造、熔模铸造等。

铸造成形

铸造成形件不受尺寸、形状及结构复杂程度的限制，它可以生产各种形状、各种尺寸的毛坯，特别适宜制造具有复杂内腔的零件，造型设计的自由度较大。

铸造成形对材料的适应性强，可适应大多数金属材料的成形，对不宜锻压和焊接的材料，铸造具有独特的优点。

铸件成本较低，铸件的形状接近于零件，可减少切削加工余量，从而降低铸造成本。

但是铸模设计制作工艺较复杂，铸件制品易产生铸造缺陷，力学性能不高，铸件一般不适宜制作受力复杂和受力大的重要零件，而主要用于受力不大或受简单静载荷（特别适合于受压应力）的零件，如箱体、床身、支架、机座等。

铸铁、铸钢、铸造铝合金、铸造铜合金等，都是铸造性能较好的材料。

生产中常用的铸造工艺很多，这里介绍两种应用范围广，并具有代表性的铸造方法——砂型铸造和熔模铸造。

2.11.2 砂型铸造

砂型铸造是以型砂为主要材料制备铸型的铸造工艺方法，它具有适应性广、生产准备简单、成本低廉等优点，是应用最广的铸造方法之一。砂型铸造的工艺过程如图 2-48 所示，砂型铸造的零件如图 2-49 所示。

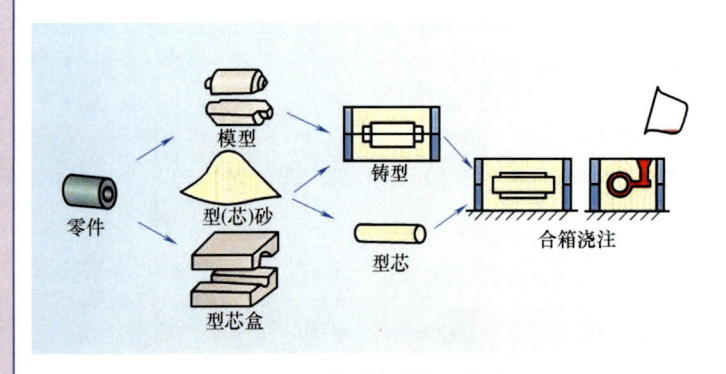

图 2-48 砂型铸造的工艺过程　　　　图 2-49 砂型铸造的零件

作为全球第一铸造大国，中国约有 26000 家铸造企业，总产量约占世界产量的一半。传统铸造工艺生产环境较差，生产效率较低，能耗偏高，近年来发展逐步受限。随着科技的发展，工程师们把 3D 打印技术引入到砂型铸造的生产过程中，带动了业界的快速发展。3D 砂芯打印机的工作原理是选择性激光烧结技术（SLS）。其工作过程就是先铺一层砂和光敏黏结剂，然后用激光选择性地烧结光敏黏结剂，最后层层叠加从而成形。原来制作砂型往往要一个月的周期，现在只要几天就可以完成，大大缩短了生产周期，并且省掉了大量的人工工作。

利用 3D 砂芯打印机可以生产结构复杂、超大尺寸的铸件。目前世界最大的 3D 砂芯打印机由我国自主研发，其体量比目前国外最大的机型还要大两倍。

2.11.3 熔模铸造

熔模铸造源于古代的失蜡铸造，现代又称为精密铸造。失蜡铸造是用母模和蜡质材料压制所要铸成零件的蜡模，然后在蜡模上涂以浆状耐火材料，形成泥模；泥模晾干后，加热使其内部蜡模熔化,将熔化完蜡模的空心泥模取出再焙烧成陶模。一般制泥模时就留下了浇注口,再从浇注口灌入金属液;冷却后破坏掉外面的陶模即可得到所需的零件。

我国的失蜡铸造历史悠久,起源不晚于春秋时期,对世界的冶金发展有很大的影响。战国、秦汉以后,失蜡法更为流行,尤其是隋唐至明、清期间,铸造青铜器采用的多是失蜡铸造。现代工业的熔模铸造,就是从传统的失蜡铸造不断改进发展而来的。熔模铸造的工艺流程示意图如图2-50所示。

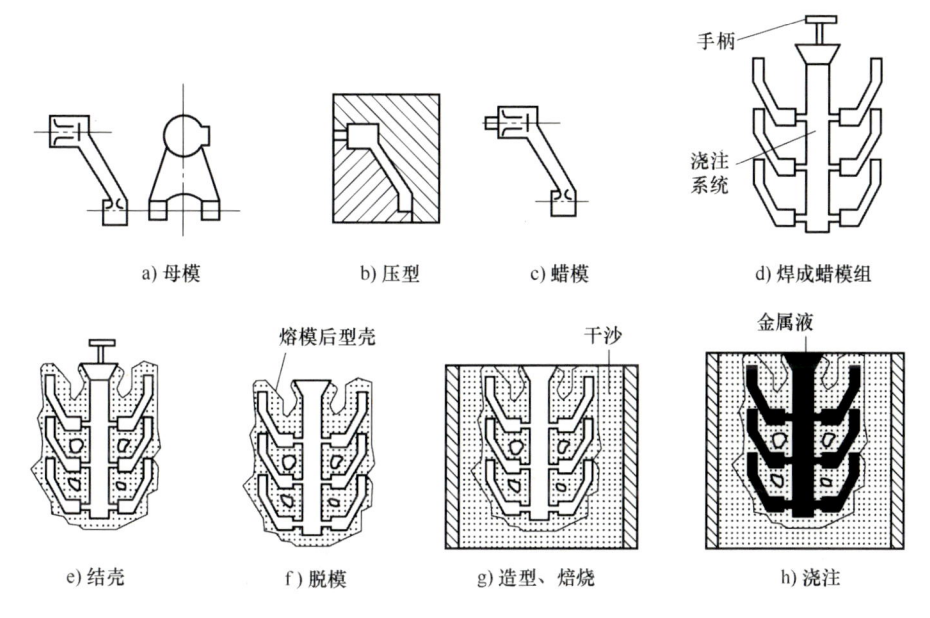

图 2-50 熔模铸造的工艺流程示意图

熔模铸造铸件的尺寸精度高、表面质量好;适应性强,能生产出形状特别复杂的铸件,适合于高熔点和难切削合金,生产批量不受限制。例如,用于形状复杂的涡轮发电机、增压器、汽轮机的叶片和叶轮、复杂刀具等,可生产各种不锈钢、耐热钢、磁钢等的精密铸件。

2.12 锻造成形工艺

塑性一般是指材料能够变形但不失效的能力。钢铁材料在 800~1200℃ 的时候具有良好的塑性,这里说的高温成形工艺主要是指钢铁材料的热塑性加工,如工业上的材料模锻、自由锻等;日常生活中主要是指铁匠师傅根据经验锻制工具等,也就是人们通常说的"打铁"。

模锻是指在专用模锻设备上利用模具使毛坯成形而获得锻件的锻造方法(图2-51)。此方法生产的锻件尺寸精确,加工余量较小,结构也比较复杂,生产率高。自由锻造是利用冲击力或压力使金属在上下砧面间各个方向自由变形,不受任何限制而获得所需形状、尺寸和一定力学性能的一种加工方法,简称自由锻(图2-52)。

我国古代冶铁技术发达,与钢铁材料相关的工艺品种类和生活用具也比较多。这些物品的成形特点一般是铁匠师傅根据经验自由锻打,例如龙泉宝剑的制作和芜湖铁画的锻制,还有各种农具的制作等。

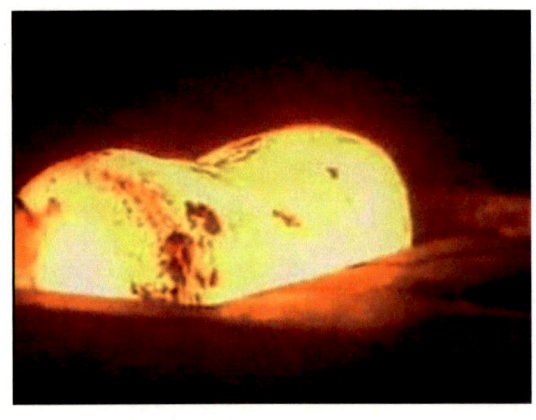

图 2-51　模锻　　　　　　　　　　　　图 2-52　自由锻

2.13　常温成形工艺

如图 2-53 所示，金属常温下的成形工艺一般分为机械加工和连接加工。其中机械加工工艺根据制造方式来分，又分为属于减材制造方式的切削加工和属于等材制造方式的冷塑性加工。连接加工属于等材制造方式，又分为机械连接、物化连接、冶金连接。

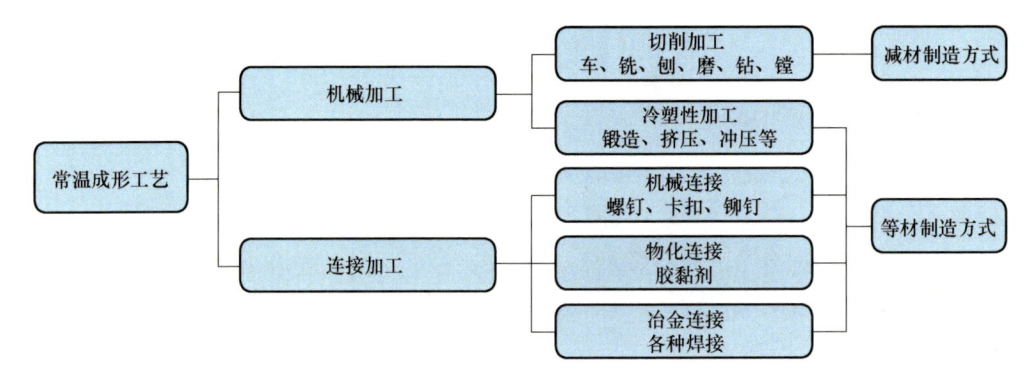

图 2-53　金属常温成形工艺

2.13.1　切削加工

1. 车削

车削是指以工件旋转为主运动，车刀移动为进给运动，加工回转表面的加工方式。它可用于加工各种回转成形面，例如内外圆柱面、内外圆锥面、内外螺纹以及端面、沟槽、滚花等。它是金属切削加工中使用最广、生产历史最久的一种加工方式，如图 2-54、图 2-55 所示。

2. 铣削

铣削是指以铣刀旋转为主运动，工件和铣刀的移动为进给运动，在工件上加工各种平面或凹槽的加工方式。它主要用于加工平面、凹槽，也可以加工各种曲面、齿轮等，如图 2-56、图 2-57 所示。

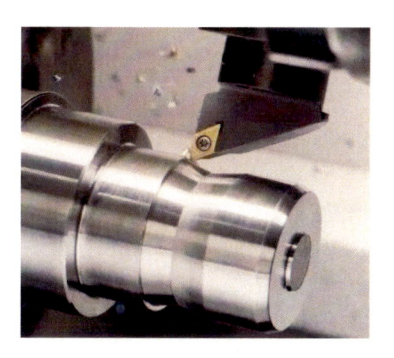

图 2-54　车削

图 2-55　车削加工的零件

图 2-56　铣削加工

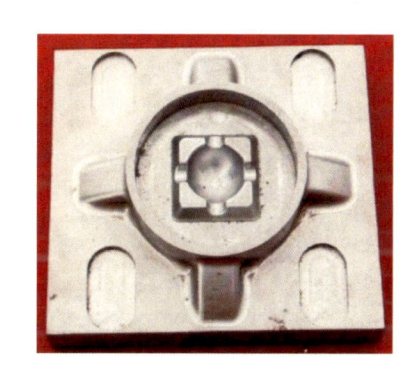

图 2-57　铣削加工的零件

3. 刨削

刨削是指用刨刀加工工件表面的加工方式。刀具与工件做相对直线运动进行加工，即用刨刀对工件的平面、沟槽或成形表面进行刨削。刨削是平面加工的主要方法之一。

4. 磨削

磨削是指用磨具或磨料加工工件各种表面的加工方式。一般用于加工零件淬硬表面。通常磨具旋转为主运动，工件或磨具的移动为进给运动，一般用于提高表面精度、降低表面粗糙度值。

5. 钻削

钻削是指用钻头在工件上加工孔的加工方式。通常钻头旋转为主运动，钻头轴向移动为进给运动。钻床结构简单，加工精度相对较低，可加工通孔、不通孔；更换特殊刀具后，也可以进行扩孔、锪孔、铰孔或进行攻螺纹等加工。

6. 镗削

镗削是指用镗刀在工件上加工已有预制孔的加工方式。镗刀旋转为主运动，镗刀或工件的移动为进给运动，如图 2-58 所示。它主要用于加工高精度孔或一次定位完成多个孔的精加工，此外还可以用于与孔精加工有关的其他加工面的加工。

图 2-58　镗削加工

2.13.2　冷塑性加工

冷塑性加工又称为压力加工，是利用金属在外力作用下产生塑性变形，从而获得具有一定形状、尺寸和力学性能的原材料、毛坯或零件的成形方法。现代产品中形态较为复杂的曲面造型，如汽车外壳、飞机外壳等，一般都采用压力加工。

冷塑性加工可在常温下进行塑性变形，直接利用金属板材等加工成形，加工精度较高，可生产结构和形状较为复杂的薄壁制品，力学性能良好，生产效率较高。冷塑性加工对材料的塑性要求较高，一般的脆性材料如灰铸铁、铸造铜合金、铸造铝合金等不能进行冷塑性加工。

典型的冷塑性加工工艺是锻压工艺，它是锻造和冲压工艺的总称，主要包括锻造、挤压、冲压等加工方法。

1. 锻造

锻造是一种利用锻压机械对金属坯料施加压力，使其产生塑性变形以获得具有一定力学性能、形状和尺寸锻件的加工方法。锻造能消除金属在冶炼过程中产生的铸造疏松等缺陷，优化微观组织结构，锻件的力学性能一般优于同样材料的铸件。机械设备中负载高、工作条件严峻的重要零件，除形状较简单的可用轧制的板材、型材或焊接件外，多采用锻件。锻造主要包括自由锻造和模型锻造两种基本方式。

1）自由锻造（图2-59a），简称自由锻，利用冲击力或压力使金属在上下两个铁砧间产生变形以获得所需锻件，主要有手工锻造和机械锻造两种，用于制造各种形状比较简单的零件毛坯。

2）模型锻造（图2-59b），简称模锻，使已加热的金属坯料在已经预先制好型腔的锻模间承受冲击力（自由锻锤）或压力（压力机）而变形，成为与型腔形状一致的零件毛坯，用于制造各种形状比较复杂的零件，如图2-60所示。

锻造用材料主要是各种成分的碳素钢和合金钢，其次是铝、镁、钛、铜及其合金。材料的原始状态有棒料、铸锭、金属粉末等。

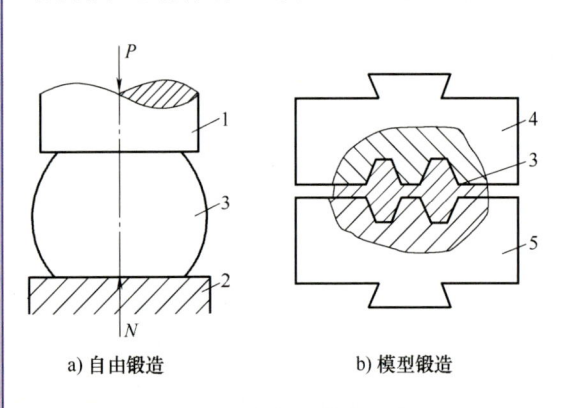

图2-59 自由锻和模锻示意图
1—锤头 2—砧座 3—锻件 4—上模 5—下模

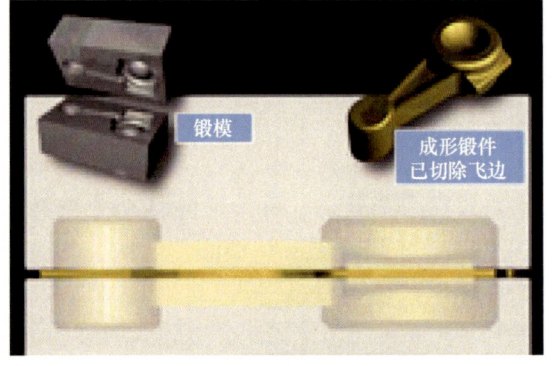

图2-60 模锻工艺生产的零件

2. 挤压

金属挤压加工是利用金属塑性成形原理进行压力加工的一种加工方法，通过挤压将金属锭坯一次加工成管、棒、T型、L型等具有连续性尺寸的型材。金属挤压机是实现金属挤压加工的最主要设备。将坯料放入挤压机的挤压筒内，以一端施加压力使金属从另一端具有一定形状和尺寸的模孔中挤出，如图2-61所示。

挤压主要用于金属的成形（图 2-62），也可用于塑料、橡胶、石墨和黏土坯料等非金属的成形。冷挤压最早只用于生产铅、锌、锡、铝、铜等的管材、型材，以及牙膏软管（外面包锡的铅）、干电池壳（锌）、弹壳（铜）等制件。20 世纪中期，冷挤压技术开始应用于加工碳素结构钢和合金结构钢制件，如各种截面形状的杆件和杆形件、活塞销、扳手套筒、直齿圆柱齿轮等，后来又用于加工某些高碳钢、滚动轴承钢和不锈钢制件。

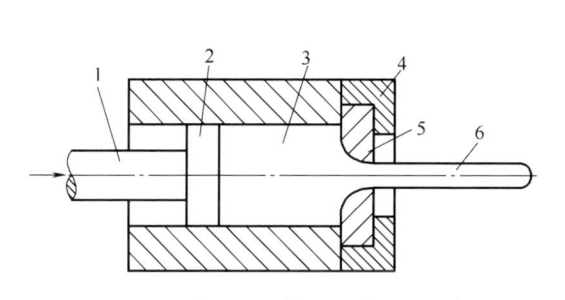

图 2-61 挤压工艺
1—挤压棒 2—挤压垫 3—坯料
4—模座 5—模子 6—制品

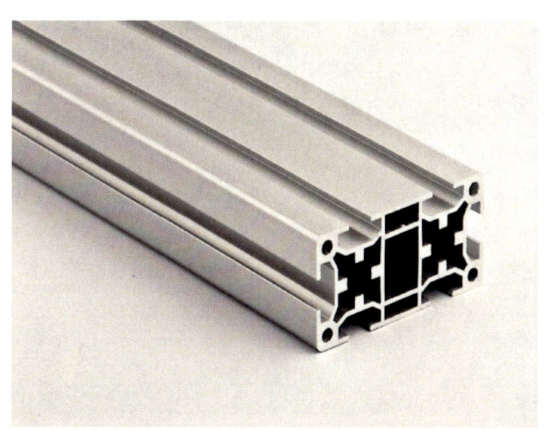

图 2-62 挤压工艺制造的型材

3. 冲压

冲压加工是依靠冲压设备把板料在模具里冲压变形，从而获得具有一定形状、尺寸、性能的产品零件的生产技术。板料、模具和设备是冲压加工的三要素。冲压加工是一种金属冷变形加工方法，所以称为冷冲压或板料冲压，简称冲压。它是金属冷塑性加工（或压力加工）的主要方法之一。

冲压加工可生产有底的薄壁空心制品，如子弹壳、各种杯件、壶体、壳体（如汽车外壳）等，如图 2-63 ~ 图 2-66 所示。

冲压加工所使用的模具一般具有专用性，有时一个复杂零件需要数套模具才能加工成形，且模具制造的精度和技术要求高，是技术密集型产品，所以只有在冲压件生产批量较大的情况下，冲压加工的优点才能充分体现，从而获得较好的经济效益。

图 2-63 板料冲压零件

图 2-64 板料冲压车身

图 2-65　板料冲压工作场景　　　　　　　图 2-66　冲压工艺成形水壶

2.13.3　连接工艺

连接工艺是采用物理和化学手段使金属元件形成可拆卸或不可拆卸的整体的工艺方法。金属件的连接工艺可以分为机械连接、物化连接和冶金连接三种类型。

1. 机械连接

机械连接包括以螺栓、螺母、螺钉、铆钉、卡扣等为代表的连接方式，一般是可拆卸连接，适用范围较广，可用于同种或不同金属构件的连接。需要特别注意的是，卡扣连接受到了越来越多的重视，原因是卡扣连接方便安装和拆卸，在很大程度上可以做到免工具拆卸。这样可以有效减少零部件的数量，方便回收，符合绿色设计的理念。

2. 物化连接

物化连接又称化学性连接，俗称胶接。物化连接是利用胶黏剂把两种相同或不同的物质牢固地黏合在一起的连接方法，胶黏剂能在被黏接材料的表面上产生强大的黏附力。随着环氧树脂系、不饱和聚酯系等高性能黏结材料的出现，物化连接在金属连接加工中的应用越来越广泛，其低成本、高效率的特点，加上能够赋予产品更理想的外观质量的优势，使其成为当前极具发展前景的金属制品连接技术。

物化连接可省去很多螺钉、螺栓等连接件，并可用于较薄的金属和非金属材料。因此，黏接结构的重量比铆接、焊接减少 25%～30%。但同时黏接强度比较低，一般仅能达到金属母材强度的 10%～50%；黏接接头因受多种因素影响而品质不够稳定，而且难以检验。因此在大型机械构件中，应用范围较小。

中国早在战国时期就已经开始应用物化连接。《周礼》中有用动物皮角熬制胶黏剂的记载，在许多出土文物中也发现有胶接的痕迹。至 20 世纪初，人类应用的胶黏剂只限于皮胶、骨胶、淀粉胶、松脂胶等天然产物。由于天然胶黏剂黏接强度低、环境耐受性能差，不能满足现代工业技术的要求。20 世纪 30 年代出现了以合成高分子化合物（合成树脂、合成橡胶）为基料的合成胶黏剂，胶接性能大大提高。虽然现代物化连接还属于发展中的新工艺，但随着高性能胶黏剂和新材料的不断涌现，尤其是随着合成材料逐渐代替天然材料、非金属材料逐渐代替金属材料的趋势越来越明显，物化连接的应用也将越来越广泛。

3. 冶金连接

冶金连接又称金属性连接，主要是指各种焊接方法。焊接就是通过加热或加压，或两者并用，用或不用填充材料，使焊件达到结合的一种加工工艺方法。焊接是制造金属结构和机器零件的重要手段之一，它广泛地应用于现代工业的各个领域。焊接是目前应用极为广泛的永久性连接方法之一。受材料焊接性能的限制，金属材料中低碳钢、合金钢的焊接性能较好，随着含碳量和合金元素的增加，材料的焊接性能会随之降低。铜合金、铝合金及铸铁的焊接性能较差，一般不适宜采用冶金连接。

焊接的分类方法很多，按其过程特点不同，可分为熔焊、压焊和钎焊三类。

熔焊是在焊接过程中，将焊件接头加热至熔化状态，在不加压力的情况下，完成焊接的方法。如焊条电弧焊、氩弧焊等；压焊是在焊接过程中，必须对焊件施加压力（加热或不加热），以完成焊接的方法，比如电阻焊、摩擦焊等；钎焊是采用比母材熔点低的金属材料作钎料，将焊件和钎料加热，利用液态钎料润湿母材，填充接头间隙，并与母材相互扩散实现连接焊件的方法，比如电路板维修中常见的锡焊。

在三类焊接方法中，应用最多的是熔焊；压焊中的电阻焊在汽车制造业中应用十分广泛；钎焊在电子器件生产领域的应用最广泛。

现代焊接的能量来源有很多种，包括气体焰、电弧、激光、电子束、摩擦和超声波等，焊接的工艺方法已达到 50 余种。焊接技术已经从一种传统的热加工工艺发展到了集材料、冶金、结构、力学、自动化等多门类科学为一体的学科。我国著名的钢结构建筑鸟巢体育馆，就采用了焊接工艺连接制造。

2.14 粉末冶金工艺

粉末冶金工艺是用金属粉末（或金属粉末与非金属粉末的混合物）作为原料，经过成形、烧结和处理，制造各种类型制品的工艺，如图 2-67 所示。粉末冶金工艺与制陶工艺有相似的地方，均属于粉末烧结技术。由于粉末冶金技术的优点，它已成为解决新材料问题的钥匙，在新材料的发展中起着举足轻重的作用。

粉末冶金工艺包括制粉和制品。其中制粉主要是冶金过程，主要指把金属材料处理成为纳米级别的粉末。而制品则是跨多学科的技术，尤其是现代金属粉末注射成形技术和金属粉末 3D 打印技术，融合了机械工程、CAD、逆向工程技术、分层制造技术、数控技术、材料科学、激光技术等。

图 2-67 粉末冶金生产的零件

粉末冶金技术已被广泛应用于交通、机械、电子、航空航天、兵器、生物、新能源、信息和核工业等领域，成为新材料科学中最具发展活力的分支之一。粉末冶金技术具备显著节能、省材、性能优异、产品精度高且稳定性好等一系列优点，非常适合于大批量生产。另外，部分用传统铸造方法和机械加工方法无法制备的材料和复杂零件也可用粉末冶金技术制造，因而备受工业界的重视。

目前粉末冶金广泛应用在硬质合金制作材料、难熔金属材料、磁性材料、金属陶瓷等。

粉末冶金工艺具有用传统的熔铸方法无法获得的化学性能、力学性能、物理性能。运用粉末冶金工艺可以直接制成多孔、半致密或全致密材料和制品，如含油轴承、齿轮、凸轮、导杆、刀具等，是一种少切削或无切削工艺。例如，前面提到的硬质合金机加工刀具和五金磨具，一般都是采用粉末冶金的方法进行加工的。

粉末冶金工艺的工艺流程大概如下：

1）生产粉末。粉末的生产过程包括粉末的制取、粉料的混合等步骤。为改善粉末的成形性和可塑性，通常加入机油、橡胶或石蜡等增塑剂。现代粉末冶金工艺通常要求材料达到纳米级别。

2）压制成形。粉末在15~600MPa压力下，在模具中压制成所需形状。

3）烧结强化。在保护气氛的高温炉或真空炉中进行。烧结不同于金属熔化，烧结时至少有一种元素仍处于固态。烧结过程中粉末颗粒间通过扩散、再结晶、熔焊、化合、溶解等一系列的物理化学过程，成为具有一定孔隙度的毛坯产品。

4）后处理。一般情况下，烧结好的制件可直接使用。但对于某些尺寸要求精度高并且有高的硬度、耐磨性的制件还要进行烧结后处理。后处理包括热处理、浸油、熔渗等。

20世纪初，通过粉末冶金工艺制得电灯钨丝，被誉为现代粉末冶金技术发展的标志。随后许多难熔金属材料（如钨、钽、铌等）都可通过粉末冶金工艺制备制品。1923年，粉末冶金硬质合金技术的诞生更被誉为机械加工业的一次革命。

我国的粉末冶金工业开始于新中国成立之后。新中国成立初期，我国电灯泡使用的钨丝都是进口产品，科技工作者于1953年成功研制出直径0.18mm的粉末冶金钨丝。

2.15 金属的表面处理工艺

从广义上讲，金属的表面处理工艺属于传统学科——表面工程的一部分。表面工程，也称为"表面技术""表面处理"或"表面改性"，是应用物理、化学、机械等方法改变固体材料表面成分或组织结构，获得所需性能的表面，以提高产品的可靠性或延长其使用寿命的各种技术的总称。近年来，随着设计学科的不断发展，金属的表面处理工艺和装饰工艺已经成为独立学科——CMF的重要组成部分。实际生产中，金属的表面处理工艺和装饰工艺种类繁多，在这里选取比较有代表性的种类进行介绍。

2.15.1 钢的表面热处理

在实际的工作生产环境中，有一部分零件如齿轮、轴承等，要求内部具有较高的韧性，表面具有较高的硬度，这就需要在零件成形之后，通过表面热处理只改变零件表面的性能，以达到使用要求。这种热处理工艺只发生在工件表层，常用的表面热处理方法有表面淬火和化学热处理两种。

表面淬火只加热工件表层而不使过多的热量传入工件内部，使用的热源须具有高的能量密度，即在单位面积的工件上给予较大的热能，使工件表层或局部能短时或瞬时达到高温。表面淬火使工件表层得到高硬度的淬火马氏体，而心部仍然保持原有的韧性。表面淬火的主要方法有火焰淬火、感应淬火、激光热处理等，常用的热源有氧—乙炔或氧—丙烷等火焰、感应电流、激光和电子束等。表面淬火一般适用于中碳钢。

① 火焰淬火（图2-68）。采用氧—乙炔的混合气体燃烧的火焰迅速加热工件表面，至淬火温度后快速冷却（如喷水）的淬火工艺，称为火焰淬火。淬硬层深度一般为2~6mm。这种淬火方法设备简单，操作方便，成本低廉，特别适用于大型工件、单件、小批生产。但加热温度较难控制，因而淬火质量不稳定。

② 感应淬火（图2-69）。将工件放在通有高频电流的线圈中，利用感应电流的集肤效应，使工件表层（或局部）迅速加热并进行快速冷却的淬火工艺，称为感应淬火。由于加热时间短，淬火表层组织细、性能好，感应淬火生产效率高，工件表面氧化、脱碳极少，变形也小，淬硬层深度易于控制，容易实现自动化。但设备费用昂贵，适宜用于形状简单的工件大批量生产。

图 2-68　火焰淬火　　　　　图 2-69　感应淬火

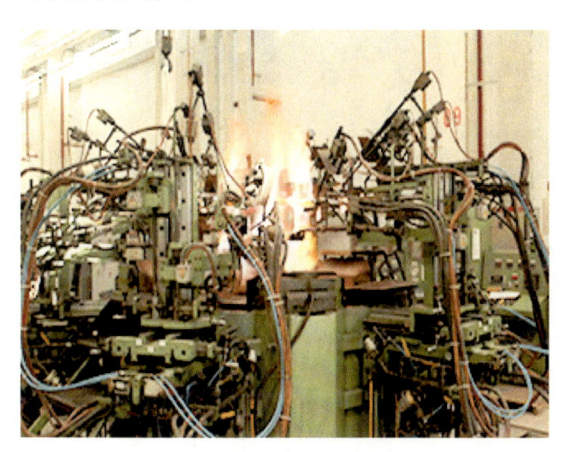

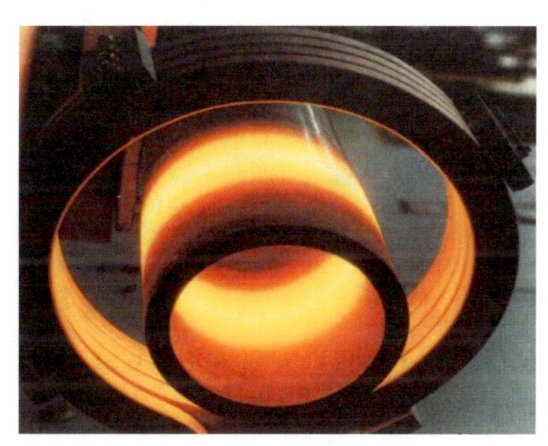

化学热处理是将工件放在一定的介质中加热和保温，使介质中的某些元素渗入工件表层，从而改变表层的化学成分、组织和性能的热处理工艺。通过化学热处理可提高工件表面的硬度和耐磨性，也可提高工件表面的耐蚀性、耐热性等。常用的化学热处理有渗碳、渗氮和碳氮共渗等。这里简单介绍钢的渗碳工艺。

钢件的渗碳应用较广，一般用于低碳钢。渗碳是将工件置于渗碳介质（一般是高温高压的煤油气）中，加热到一定温度，使碳原子（有机高分子裂解）渗入工件表层，提高表层含碳量，从而增加表面的硬度及耐磨性的一种热处理工艺。渗碳后的钢件表面的化学成分可接近高碳钢；工件渗碳后还要经过淬火处理，这样就可以使表面的硬度和耐磨性提高，而心部仍保持低碳钢淬火后的强韧性，从而大大提高工件的使用性能。渗碳工艺广泛用于飞机、汽车和拖拉机等的机械零件，如齿轮、轴、凸轮等。渗碳是应用最广、发展得最全面的化学热处理工艺之一。现在可实现渗碳全过程的自动化，能控制表面含碳量和碳在渗层中的分布。

2.15.2　化学转化膜技术

化学转化膜技术是材料表面工程技术中的重要分支之一，具有悠久的历史，应用非常广泛。近几十年来，化学转化膜技术的新工艺、新方法层出不穷，发展极快。过去它主要以防护及提高基体与涂层间的结合力为主要目的，近年来主要在提高产品表面装饰性或赋予其各种表面特殊性能方面进行研究开发，使化学转化膜技术得到了极大的发展。

化学转化膜主要是通过化学或电化学手段，使金属表面形成稳定的化合物膜层的技术。这类技术在生产实际中有较多的种类，这里重点介绍三种常用的化学转化膜技术：钢的发蓝工艺、钢的磷化处理技术和铝的阳极氧化技术。

1. 钢的发蓝工艺

为了提高钢铁工件的防锈能力或美观度，生产中常常会使用"发蓝"工艺。"发蓝"是一种化学氧化工艺，将钢铁工件放入含有强氧化剂的溶液中进行处理，其表面会生成一层均匀的蓝色或黑色四氧化三铁膜层，故称"发蓝"，如图2-70所示。

图2-70 发蓝工艺处理后的工件

钢铁工件的发蓝工艺可在亚硝酸钠和硝酸钠的熔融盐中进行，也可在高温热空气及500℃以上的过热蒸气中进行，更常用的是在加有亚硝酸钠的浓苛性钠中加热。发蓝时的溶液成分、反应温度和时间依钢铁工件基体的成分而定。发蓝膜的成分为四氧化三铁，厚度为0.5~1.5μm，颜色与材料成分和工艺条件有关，有灰黑、深黑、亮蓝等。单独的发蓝膜耐蚀性较差，但具有良好的吸附性，经涂油、涂蜡或涂清漆后，耐蚀性和抗摩擦性都有所改善。由于发蓝膜很薄，对零件的尺寸和精度几乎没有影响，因此在精密仪器、光学仪器、武器及装备制造业中得到广泛的应用。

2. 钢的磷化处理技术

磷化是一种利用化学反应在金属表面形成磷酸盐转化膜的过程，所形成的磷酸盐转化膜称为磷化膜。磷化的目的主要是：给基体金属提供保护，在一定程度上防止金属被腐蚀；用于涂漆前打底，提高漆膜层的附着力与耐蚀性，涂在磷化膜底层上漆层的耐蚀性大约是漆层本身耐蚀性的12倍；在金属冷加工工艺中起减摩润滑作用，磷化膜在拉伸、挤出、深拉延等各种冷加工方面均有广泛的应用。

生产实际中的磷化处理工艺较为复杂，其基本原理是金属浸入热的稀磷酸溶液中，会生成一层磷酸亚铁（锌、铝等）膜，但这种膜防护性能差，通常的磷化处理是在含有金属离子的稀磷酸溶液中进行的。磷化膜是多孔的，按其厚度可分为厚膜和薄膜，膜越厚，晶粒越细，孔隙度越低。磷化膜可在很多金属表面上形成，而以钢铁磷化处理应用最广，钢铁工件磷化处理效果如图2-71所示。

图2-71 钢铁工件磷化处理效果

3. 铝的阳极氧化处理技术

铝制品在空气中会发生钝化现象，其表面会生成一层致密的氧化膜，但这层膜厚度一般只有 4~5nm，防护性差，选择适当的工艺可以使铝制品得到具有更高防护性能的化学氧化膜。工业上一般采用阳极氧化处理技术来实现，同时这种技术还可以对铝制品表面进行着色。

以铝制品为阳极，置于电解质溶液中进行通电处理，利用电解作用使其表面形成氧化铝薄膜的过程，称为铝制品的阳极氧化处理。经过阳极氧化处理，铝制品表面能生成几微米到几百微米厚的氧化膜，比起铝合金的天然氧化膜，其硬度、耐蚀性、耐磨性和装饰性都有明显的改善和提高。同时阳极氧化生成的氧化膜薄层中具有大量的微孔，可吸附各种润滑剂，适合制造发动机气缸或其他耐磨零件；也可着色成各种美观艳丽的色彩。有色金属或其合金（如铝、镁及其合金等）都可进行阳极氧化处理，这种方法广泛用于机械零件、精密仪器及无线电器材、日用品和建筑装饰等方面。

铝制品容易生成阳极氧化膜，而阳极氧化膜层也是一种理想的着色载体，所以铝材是最容易着色的金属之一，其主要的着色方法分为自然显色法、吸附着色法和电解着色法三类，着色效果如图 2-72 所示。

自然显色法：在金属进行阳极氧化处理时，由于电解质溶液、合金材料的组分及合金组织结构状态不同而产生不同的颜色。

吸附着色法：将生成了转化膜层的工件浸入加有无机盐或有机染料的溶液中，无机盐或有机染料首先被多孔膜吸附在表面上，然后向微孔内部扩散、渗透，最后堆积在微孔中，使膜层染上颜色。

电解着色法：电解着色是把经阳极氧化处理的工件放入含金属盐的电解液中进行电解，通过电化学反应，使进入氧化膜微孔中的重金属离子还原为金属原子，沉积于孔底而着色。

图 2-72 铝材的阳极氧化着色效果

2.15.3　钢的表面热浸镀技术

热浸镀技术是将高熔点金属工件浸入低熔点的熔融金属液中获得金属镀层的一种方法，又称热镀。钢铁材料（熔点1538℃）是热浸镀的主要基体材料，因此，作为镀层材料的金属熔点必须比钢铁的熔点低得多。常用的镀层金属有锌（熔点为419.5℃）、铝（熔点为658.7℃）、锡（熔点为231.9℃）和铅（熔点为327.4℃）等。

热浸镀过程中，被镀金属基体与镀层金属之间通过溶解、化学反应和扩散等方式形成冶金结合的合金层。当被镀金属基体从熔融金属液中提出时，在合金层表面附着的熔融金属经冷却凝固成镀层。因此，热浸镀层与金属基体之间有很好的结合力。与电镀、化学镀相比，热浸镀可获得较厚的镀层，作为防护涂层，其耐蚀性能大大提高，而且热浸镀的成本低，生产效率高。

热浸镀技术中应用最广的是热镀锌。凡钢铁材料暴露于大气、土壤、水等腐蚀条件下使用时，热镀锌是应用最普遍、有效而经济的保护手段，例如用于厂房钢结构、输电铁塔、桥梁结构、高速公路护栏以及建筑、车辆制造、自来水管等。生活中常见的白铁皮就是一种典型的热镀锌工艺生产的材料。热镀铝也是主要的热镀品种之一，其特点是有良好的抗硫腐蚀性能和抗高温氧化（500℃以下）性能，多用于含二氧化硫的工业大气环境及制造炉具、汽车排气管、谷物烘干机等。

热浸镀锌的工业生产历史悠久，其产品产量大，应用范围广，作为热浸镀基础性工艺的热浸镀锌技术已经很成熟。锌镀层具有良好的耐蚀性，一方面是镀层作为阻挡层隔离了钢基体与周围的腐蚀环境；另一方面镀层锌可以作为牺牲阳极对钢基体产生电化学保护作用。

我国的金属腐蚀问题也相当严重，每年因腐蚀造成的经济损失约占国民经济生产总值的4%，而由腐蚀带来的间接损失更是难以估算。长期以来，人们一直在寻求各种方法降低腐蚀的危害。由于腐蚀都始于金属表面，所以采用表面工程技术进行表面改性已成为材料科学最活跃的前沿领域之一。钢材表面改性后，可以延长钢材使用寿命、提高经济效益和社会效益。热浸镀作为表面改性技术，是一种很好的防腐技术。图2-73所示为热浸镀锌钢制螺母。

图2-73　热浸镀锌钢制螺母

2.16　金属的表面装饰工艺

纹理装饰是提升产品外观品质的重要方法。在金属制品表面制作不同形式的一些纹路，对金属外观件表面可以起到装饰和美化作用。金属制品的表面装饰工艺多种多样，这里介绍比较有代表性的种类。

金属材料的表面装饰技术一般而言都具有双重的作用和功效。一方面表面装饰起着功能性的保护作用，可以保护材质基体不受介质腐蚀，保护产品表面的光泽、色彩、肌理等外观质量不受损伤，提高产品的耐用性，同时还可以赋予材料表面导电、防水、润滑等特殊功效；另一方面表面装饰起到的美化作用，能赋予产品表面丰富的色彩、光泽和肌理变化，产生同质异感、异质同感的设计效果，极大地拓展了产品造型设计的选材空间和表现形式。

金属材料的表面装饰工艺一般通过三种途径来实现：机械处理、化学处理和电化学处理。

2.16.1 金属表面肌理工艺

金属表面肌理工艺是通过锻打、抛光、刻划、打磨、腐蚀等工艺在金属表面制作出肌理效果。

（1）表面锻打　使用不同形状的锤头在金属表面进行锻打，从而形成不同形状的点状肌理，层层叠叠，十分具有装饰性，如图 2-74 所示。

（2）表面抛光　抛光是指利用机械、化学或电化学的作用，使工件表面粗糙度值降低，以获得光亮、平整表面的加工方法。抛光不能提高工件的尺寸精度或几何形状精度，而是以得到光滑表面或镜面光泽为目的，但有时也用以消除光泽（消光）。传统方法通常以磨床抛光、手工抛光为主，工业上现在用得比较多的是电解抛光、超声波抛光和化学抛光。近年来，利用高能束（电子束、离子束、激光束）进行金属材料的表面精整加工和改性得到了快速的发展。图 2-75a 所示的金属产品的镜面工艺，是先进行金属表面抛光处理后再镀镍或镀铬加工而成。图 2-75b 所示打火机的研磨工艺，是将半成品的外壳和研磨剂一起放在容器内，通过容器的回转或振动进行研磨，使其表面产生一种粗糙的质感。

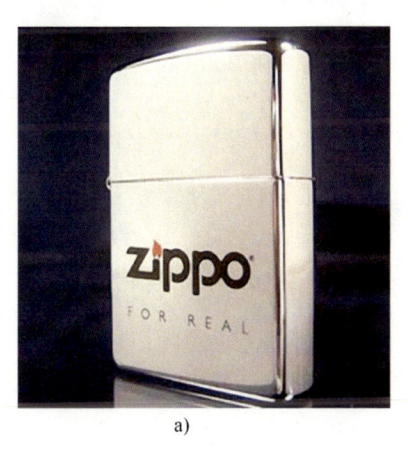

图 2-74　刀具表面锻打肌理效果

a)　　　b)

图 2-75　高光和亚光（磨砂）肌理效果

金属表面纹理工艺

（3）拉丝工艺　拉丝工艺是通过研磨在工件表面形成线纹，起到装饰效果的一种表面处理手段。根据拉丝后纹路的不同可分为直纹拉丝、乱纹拉丝、波纹、旋纹。由于表面拉丝处理能够体现金属材料的质感，所以得到了越来越多用户的喜爱和越来越广泛的应用，如图 2-76 所示。

图 2-76 拉丝工艺肌理效果

（4）腐蚀工艺　腐蚀工艺又称蚀刻工艺，是利用化学药品侵蚀溶解金属表面的特定部分，从而形成凹凸纹理的表面处理方法。其工艺是先用耐药性膜涂覆整个金属制品表面，然后用机械或化学方法去掉待加工部位的保护膜，再将金属制件浸入蚀剂中，使金属裸露部分溶解形成凹部，最后去除其他部位的涂膜，形成凸部，得到所需的凹凸纹理，如图 2-77 所示。蚀刻技术常用于金属商标、金属标牌、各式金属喇叭网等的制作。

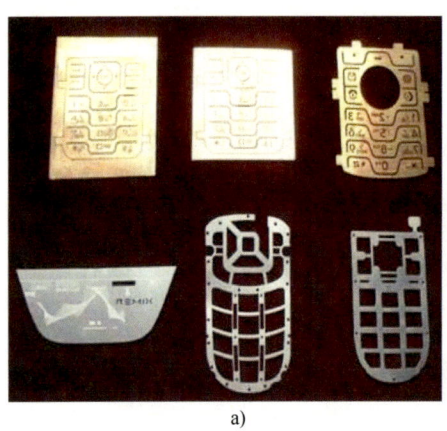

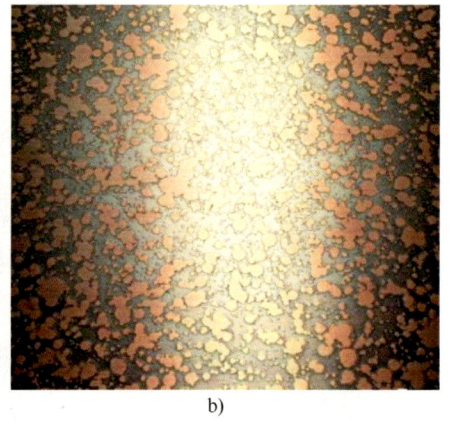

a) b)

图 2-77　金属腐蚀工艺效果图

（5）压花工艺　压花工艺是通过机械设备在金属板上进行压纹加工，使板面出现凹凸图纹，如图 2-78 所示。具备耐看、耐用、耐磨、视觉美观、易清洁、免维护、抗击、抗压、抗刮痕及不留手指印等优点。压花金属板材轧制时是用带有图案的工作辊轧制的，其工作辊图案通常用侵蚀液体加工，板上的凹凸深度因图案而不同，最小可以达到 0.02～0.03mm。通过工作辊不断旋转轧制后，图案周期性重复，所制压花板长度方向基本不受限制。

（6）喷砂工艺　喷砂是利用高速砂流的

图 2-78　金属压花工艺示意图

冲击作用清理和粗化基体表面的过程。通常以压缩空气为动力，形成高速喷射束将喷料（铜矿砂、石英砂、金刚砂、铁砂、海砂）高速喷射到待处理工件表面，使工件外表面发生变化。总的来说，喷砂处理有三种作用：

1）相对彻底、通用、迅速、高效率地清理工件表面。
2）作为一种机械加工方法，改善工件表面的力学性能。
3）作为一种表面装饰方法，产生粗糙的磨砂肌理效果。

从表面装饰的角度来说，喷砂工艺适用于玻璃、金属的表面处理，生活中常见的磨砂玻璃、亚光金属一般都是采用喷砂工艺处理的，如图 2-79、图 2-80 所示。

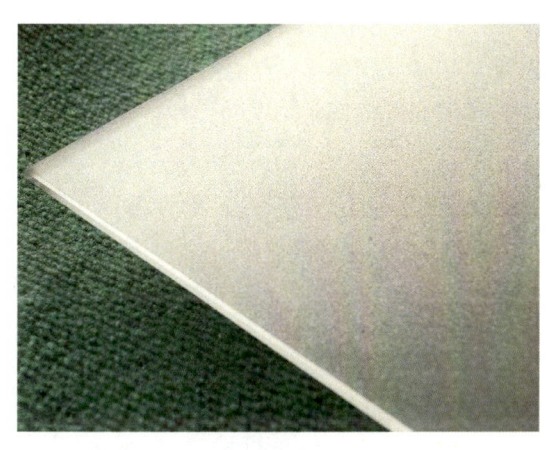

图 2-79　玻璃喷砂工艺效果图

图 2-80　金属喷砂工艺效果图

（7）镭雕工艺　镭雕工艺也称为激光雕刻或激光打标，是一种以数控技术和光学原理进行表面处理的工艺。一般是利用激光器发射的高强度聚焦激光束使材料表面瞬间熔化和汽化，从而实现对材料表面加工的工艺方法。根据激光强度和加工材料的不同，可以实现金属材料表面雕刻（即打标），也可以实现金属材料的击穿切割。由于其具有高精度特点，在手机等数码产品领域应用广泛，如图 2-81 所示。

图 2-81　金属镭雕工艺效果图

此外，前面介绍的发蓝工艺和阳极氧化工艺也能在金属材料表面形成美丽的肌理效果，这里不再赘述。

2.16.2　金属表面被覆工艺

金属表面被覆处理的主要目的是改善金属表面性质，赋予金属表面特殊机能。金属表面被覆工艺根据被覆材料和被覆处理方式的不同，通常分为镀层被覆、涂层被覆、搪瓷被覆和其他种类。在生产实际中每一个类别的种类较多，这里介绍常用的几种。

1. 镀层被覆

镀层被覆一般有电镀和喷镀。电镀是利用电解原理在某些金属表面上镀上一薄层其他金属或合金的过程，电镀表面效果好，还可以起到防止金属氧化（如锈蚀），提高耐磨性、导电性、反光性、耐蚀性，调整制品表面的色彩、平滑、光泽和肌理。镀层的表面状态可以分为镜面镀层和粗面镀层（亚光、喷砂、梨皮面等）。常用于镀层被覆的金属有铜、镍、铬、铁、锌、金、银、铂等，电镀是最为典型的表面被覆处理工艺。

镀铬用于提高产品表面的耐磨性、光反射性、装饰效果和修复尺寸等方面，如图2-82所示。

黑镍镀层的装饰色彩效果自然大方，不反光，又能表现金属的质感，色质柔和，美观雅致，比黑色涂料的效果好得多，是一种很好的装饰手段（图2-83），多用于光学仪器等精密机械装置。

镀银主要用于装饰性和反光面镀层，如餐具、首饰、灯罩、反光镜和仪器仪表等。

镀金处理具有非常精美华丽的外观，所以普遍用于高级装饰性镀层，如首饰、钟表、精密仪器等。

镀铜不宜用作防护性电镀，也很少用于单层电镀，通常用于装饰性电镀的打底。

镀锌广泛用于要求不高的钢铁制品的防护性电镀。

金属的表面被覆工艺

图 2-82 镀铬　　　　　　　　　图 2-83 镀镍（黑色）

喷镀是采用专用设备和特定的水性化学原材料，利用银镜反应的原理，通过直接高速喷涂的方式达到电镀效果的一种表面被覆工艺。可以呈现铬色、镍色、金色、银色等多种色彩及其渐变色的镜面高光效果，如图2-84所示。喷镀技术适用于金属、塑料、玻璃、陶瓷、木材、水泥等材料，广泛应用于汽车、电器、工艺品、饰品、玩具、家具等行业。和电镀技术相比，喷镀技术最大的优点就是无污染、能耗低、成本低，因此有着广泛的发展前景。

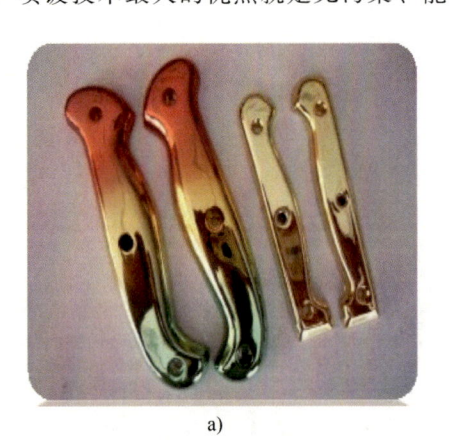

a)　　　　　　　　　　　b)

图 2-84 喷镀效果

真空蒸镀（PVD），简称蒸镀，又称干镀，是指在真空条件下，采用一定的加热蒸发方式使镀膜材料（金属材料或非金属材料）汽化，汽化后的原子或分子飞至固体（待镀产品）表面凝聚成固态薄膜的工艺方法。蒸镀是使用较早、用途较广泛的气相沉积技术，具有成膜方法简单、薄膜纯度和致密性高、膜结构和性能独特等优点。镀膜用金属材料范围极广，除黑色金属外，各种有色金属及其合金理论上都可用作镀材，常用的有铝、铜、锡、镍、铬等。镀膜是物理过程，对产品材料本身性能几乎没有影响。蒸镀可在常温下使用，所以常用于镀非金属材料，如光学透镜上的各种薄膜；传统工艺制作的镜子就是在玻璃的一面蒸镀上一层金属铝；近年来流行的手机渐变色外壳也是用蒸镀技术来实现的，如图2-85所示；蒸镀还可以实现金属拉丝效果等。

图 2-85 蒸镀的渐变色效果

2. 涂层被覆

涂层被覆是指在制品表面形成以有机物为主体的涂层，除了具有保护作用和装饰作用外，还可以赋予制品表面隔声、隔热、绝缘、耐水、耐辐射、导电、杀菌、吸收雷达波等特殊功能。常见的涂层被覆有喷漆被覆、喷塑被覆和喷锌被覆。

喷漆被覆是一种常见的被覆工艺，用喷枪将油漆涂料雾化后均匀地喷在物体表面，其工艺程序和工艺种类也比较多。

喷塑被覆又称为静电粉末喷涂被覆，简单来说，就是用特殊工艺将塑料粉末喷涂在零件表层并经后期高温处理的一种表面被覆方法，效果是零件表层紧紧附着一层塑料薄膜。与喷漆被覆相比，喷塑被覆具有工艺先进、节能高效、安全可靠、色泽艳丽等优点。因此，喷塑被覆常应用于轻工、家装领域。喷塑被覆的工作原理是利用高压静电设备生成静电场，利用电场力将塑料粉末喷涂到工件的表面（工件表面一般带有和塑料粉末极性相反的静电），塑料粉末会被均匀地吸附在工件表面，形成粉状的涂层；而粉状涂层经过高温（200℃左右）烘烤后流平固化，塑料粉末会融化成一层致密的保护涂层，牢牢附着在工件表面，形成高光、哑光、磨砂、桔皮等肌理效果，达到装饰和防腐蚀的目的。喷塑被覆常用于货架、箱柜、工作台、物流储运设备等产品的表面处理。

喷锌被覆分为热喷锌工艺和冷喷锌工艺。热喷锌工艺需要有专门的喷锌装置、喷枪以及大排量的空气压缩机，整个过程需要用到高电压以及高温，具有一定的危险性，因此通常用于大型建筑物的钢结构喷涂或是具有复杂表面结构的金属工件。热喷锌工艺的原理是先利用压缩空气将砂粒吹到工件表面，除掉金属表面锈层和氧化皮，同时加大表面粗糙度值，以增加热喷涂锌层附着力；然后利用氧乙炔焰或其他热源，通过压缩空气和专用喷枪将锌丝雾化后喷涂到金属表面。热喷锌工艺的耐蚀效果可达20年。

冷喷锌工艺是将由纯度高于99.9%的锌粉、挥发性溶剂和有机树脂三部分配制而成的镀锌涂料喷涂于工件表面，其涂层具有优越的防锈效果，一般用于海上输电塔的防锈喷涂。

3. 搪瓷被覆

搪瓷工艺历史悠久，起源于玻璃装饰金属工艺。它的特点是将材料工业中的两大门类——金属材料和陶瓷材料的加工完美结合。搪瓷被覆是用玻璃质釉料在金属表面进行涂覆和烧制而形成被覆层的工艺。经过搪瓷被覆的金属制品坚固、耐蚀，并有优美的表面光泽和肌理，广泛用于厨房用品、医疗容器、浴槽、化学装置和装饰品。搪瓷制品在我国20世纪80、90年代的居民生活用品中很常见，如图2-86所示，由于其制作工艺繁杂耗能，已逐步被其他制品取代。

我国古代将附着在陶或瓷胎表面的涂层称为"釉"，附着在建筑陶制瓦件上的涂层称为"琉璃"（图2-87），而附着在金属表面上的涂层称为"珐琅"。8世纪，我国开始发展珐琅工艺；到14世纪末，珐琅工艺日趋成熟；15世纪中期，明代景泰年间的珐琅制品闻名于世，故有"景泰蓝"之称（图2-88）。19世纪初，欧洲研制出铸铁搪瓷，为搪瓷由工艺品走向日用品奠定了基础，但由于当时铸造技术落后，铸铁搪瓷的应用受到限制。19世纪中期，随着各类工业的发展，钢板搪瓷兴起，开创了现代搪瓷工艺的新纪元。19世纪末到20世纪上半叶，不同性能瓷釉的研发，钢材及其他金属材料的推广应用，耐火材料、窑炉、涂搪技术的不断更新，都推动了搪瓷工业的发展。

图2-86　搪瓷制品 　　　　　图2-87　琉璃瓦 　　　　　图2-88　景泰蓝

2.17　思考与练习

1. 金属材料可分为哪些种类？
2. 铝材料可分为哪几类？各应用于哪些领域？
3. 结合身边的产品，分析其中金属零件的成形工艺。

第 3 章

有机高分子材料与加工工艺

3.1 有机高分子材料概述

大多数物质的分子量都较小，一般只有几十到几百。但是有些物质的分子量特别大，动辄成千上万。为了加以区分，人们把分子量在 10000 以上的物质称为高分子材料。

很多高分子材料是天然的，如蚕丝、羊毛、纤维素、天然橡胶、淀粉、蛋白质等。随着现代化工技术的发展，人们日常接触较多的是以"塑料"为代表的各类人工合成的高分子材料。

人工合成的高分子材料按用途不同可划分为三类：合成树脂、合成橡胶和合成纤维。例如，聚酰胺（俗称"尼龙"），是一种常用的合成树脂（塑料原料），当它作为合成纤维时，就是人们熟知的尼龙丝。

3.1.1 高分子材料的形成

高分子材料大多是由低分子单体材料聚合而成。以聚乙烯为例，其单体乙烯的分子式是 C_2H_4，或写作 $CH_2=CH_2$。如果用某种方法将两个 CH_2 之间的一个键断开，形成"-CH_2-CH_2-"；然后把许多个"-CH_2-CH_2-"链接起来，就形成了长链分子：

$$\ldots\text{-}CH_2\text{-}CH_2\text{-}CH_2\text{-}CH_2\text{-}CH_2\text{-}CH_2\text{-}CH_2\text{-}CH_2\text{-}CH_2\text{-}CH_2\text{-}CH_2\text{-}CH_2\text{-}\ldots$$

这就是高分子聚合物。

在高分子聚合物中，每单个的高分子中的链节数目都是不一样的。也就是说在聚合物中，各个高分子的聚合度和分子量都是不一样的。因此，对于高分子聚合物来讲，宏观上就只有平均分子量的概念。

3.1.2 塑料的形成

塑料的组成成分中，树脂占了很大的比重，它是形成塑料的基本材料。但由于塑料的种类和性能要求千差万别，因此需要根据不同的性能要求，添加其他各具差异的混合组分。

按照在塑料形成过程中的作用，塑料的主要成分有以下几类：

1) 树脂：高分子聚合物成分。树脂是塑料的主要成分（但不一定在重量上占大部分），塑料中所用树脂种类决定了塑料的基本性能。

2）填料：填料可占塑料总重量的20%～50%，是塑料改性的重要组成成分。

3）增强材料：用以增加塑料的强度。常用的有石墨、三硫化钼、玻璃纤维、碳纤维等。

4）固化剂：通过固化剂的交联可使树脂形成立体的网状结构，从而使塑料变得坚硬和稳定。

5）增塑剂：增加塑料的可塑性和柔韧性。

6）稳定剂：增加塑料对光、热的抗性，延缓老化。

7）润滑剂：增加塑料的减摩性能和耐磨性能。

8）着色剂：调整和改变塑料的色彩。

9）阻燃剂：防止塑料燃烧。阻燃剂增加了塑料的成本，但对安全意义重大。

3.2 常用的塑料材料及其应用

每一种塑料都有其独特的性能，但塑料作为一种材料大类，在性能上有以下共同的特点：

1）无色，原料状态为透明或半透明，可任意着色。

2）质轻，比强度（单位重量所能达到的强度）高。

3）质硬，弹性和柔性好，耐磨。

4）化学稳定性好，耐蚀性好，耐紫外线好，耐候性好。

5）电绝缘性和热绝缘性好。

6）吸振，消声。

这些性能并不一定会在同一种塑料上全都表现出来。随着使用目的不同，实际应用中往往要根据具体的使用环境和条件，来选用最合适的塑料品种。

值得一提的是，在大工业生产过程中的初始塑料形态，是一种呈颗粒状的塑料粒子（图3-1）；也有呈线状、管状或板状等的材料。经过后续的各种成形工艺后，才会形成不同的产品形态。

图3-1 无色的塑料颗粒

3.2.1 塑料的分类

根据塑料加热时的塑性变化，塑料可以分为热塑性塑料和热固性塑料。

1. 热塑性塑料

热塑性塑料在加热时可变软以致流动，冷却后变硬，这种过程是可逆的，可以反复进行。

塑胶材料的三种状体

聚乙烯、聚丙烯、聚氯乙烯、聚苯乙烯、聚甲醛、聚碳酸酯、聚酰胺、丙烯酸类塑料、聚烯烃及其共聚物、聚砜、聚苯醚、氯化聚醚等都是热塑性塑料。

热塑性塑料中，树脂分子链都是线型或带支链的结构，分子链之间无化学键产生，加热时软化流动、冷却变硬的过程均是物理变化。

2. 热固性塑料

热固性塑料在第一次加热时可以软化流动，加热到一定温度后会产生交联固化而变硬，这种变化是不可逆的，此后，再次加热时，塑料无法变软或流动。实际生产中通常借助这种特性进行成型加工，利用第一次加热时的软化流动，让塑料在压力下充满型腔，进而固化成为具有确定形状和尺寸的制品。

热固性塑料的树脂固化前是线型或带支链的，固化后分子链之间形成化学键，成为三维的网状结构，不仅不能再融化，在溶剂中也不能溶解。

酚醛、脲醛、三聚氰胺甲醛、环氧树脂、不饱和聚酯、有机硅等塑料都是热固性塑料。热固性塑料具有隔热、耐磨、绝缘、耐高压电等特性，适用于生产各种在恶劣环境中使用的产品，如炒锅把手和各类高低压电器。

3.2.2 通用塑料

按用途来分类，塑料可以分为通用塑料和工程塑料。

通用塑料显然在各个方面（当然也包括工程领域）都有广泛的用途。工程塑料则主要用在工程上，用于制造各种机电零部件。工程塑料又可分为通用工程塑料和特殊工程塑料。不过，这种按照用途来划分的方法，其分类的界限也随着技术的进步有所变动。比如，一些"昂贵的"塑料由于生产工艺的进步和产能的提升，变得越来越便宜，从而使它的用途从特殊工程塑料的行列逐步转入通用工程塑料，甚至转入普通塑料的行列，这在塑料的发展史上是屡见不鲜的。

通用塑料基本上都是烯烃类的聚合物。目前应用最广的通用塑料有以下几种：

1. 聚乙烯（PE）

聚乙烯为白色或浅色半透明固体，在塑料中密度最小，电绝缘性和高频绝缘特性优异。随着分子量增大，其拉伸强度和伸长率也随之提高。聚乙烯用途广泛，按其聚合时采用的压力不同，可分为三类：

1）低压聚乙烯。机械强度和硬度较高，耐磨性和耐热性好，但抗冲击强度、弹性和透明度较差。可制造塑料管材、板材、塑料绳缆、塑料槽和阀体等。

2）中压聚乙烯。可用于制造电线包皮及薄板。

3）高压聚乙烯。抗冲击强度、弹性和透明度好，软化点稍低，拉伸强度和硬度较差。可用于制造薄膜、软管、瓶和各种容器以及包覆电缆。

此外，还有超高分子聚乙烯，其性能又有很大提高。

2. 聚丙烯（PP）

聚丙烯的力学性能（强度、刚度、硬度等）较聚乙烯更为出色，同时其绝缘性能（尤其是高频绝缘）好，耐热性则极为出色，可达到150℃时不变形。

由于力学性能好，聚丙烯材料常用来制造各种机械和化工零件；利用其耐热性能极佳的特点，可用聚丙烯材料制造各种需煮沸消毒的医疗器械、饭盒（图3-2）和各种容器等。

3. 聚氯乙烯（PVC）

聚氯乙烯材料分软、硬两种。软聚氯乙烯通常用来制作工业包装薄膜、电线电缆的绝缘层和密封件。硬聚氯乙烯的拉伸强度、耐水性能、耐油性能和化学稳定性都很好，常用来制作化工部件。由于聚氯乙烯有毒性，因此用聚氯乙烯制造的产品不能接触食品，尤其是用软聚氯乙烯制作的工业包装薄膜，不能用做保鲜膜存装食品。

聚氯乙烯材料也可经过发泡后制成泡沫塑料，具有质轻、隔热、隔声、防振等特点，可用作各种衬垫、保温材料。

日常生活中，常见的是聚氯乙烯材料制成的塑料棒、塑料管（图 3-3）、塑料板材、密封件等。

图 3-2　一次性 PP 塑料饭盒　　　　图 3-3　PVC 塑料管

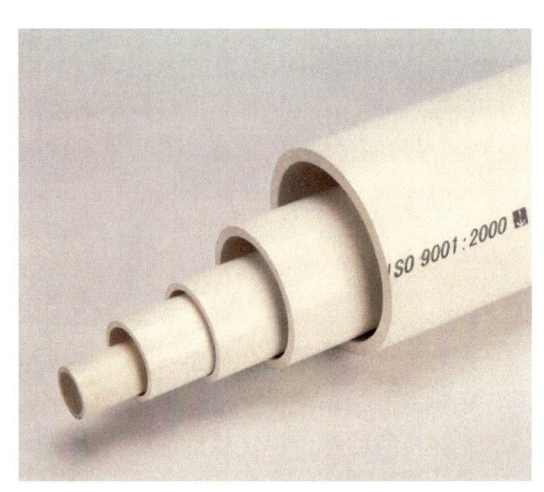

4. 聚苯乙烯（PS）

聚苯乙烯材料的绝缘性能（尤其是高频绝缘）、耐蚀性（但不耐有机溶剂，如汽油、苯）都很好，不吸水，常温下较透明（常温下透明度仅次于有机玻璃），耐冲击。

聚苯乙烯材料发泡后（俗称聚苯或苯板）的密度仅有 $33kg/m^3$，仅为水的三十分之一，是隔声、包装和水面救生装备领域的绝好材料。尤其是在包装方面，目前各类家电、仪器设备的包装箱内，多数都用成形的发泡聚苯乙烯或散装发泡聚苯乙烯小块来隔振，以保证产品在运输过程中的安全。

5. 酚醛（PF）

酚醛材料是应用历史很长的一种塑料，其电绝缘性能很好，能耐相当的高温，价格又比较便宜，因此长久以来在各种电器上得到广泛应用，尤其用于生产各种普通电器的外壳。因其多用木粉作填料，俗称"电木"。

为了提高强度，在层压时加入布层则得到夹布胶木。夹布胶木在强电电气设备上多用作安装电器的底板，也可制造耐冲击的轴承、齿轮和离合器。日常生活中，用夹布胶木制作的梳子也十分常见，可以防止梳头时产生静电。

3.2.3　通用工程塑料

通用工程塑料的种类极多，在此简略介绍几种常用的材料。

1. ABS（Acrylonitrile-Butadiene-Styrene）

ABS 是丙烯腈、丁二烯和苯乙烯的三元共聚物，具有优良的综合力学性能。ABS 不透明，耐热，耐冲击，表面硬度高，化学稳定性和电性能良好，易于成型加工，是电镀工艺的最佳塑料基材。

ABS 在电子、家电外壳（图 3-4）、冷冻器械、汽车工业、航空工业等方面都有广泛应用，如汽车仪表板、挡泥板、齿轮、轴承、旅行箱等。

2. 聚碳酸酯（PC）

聚碳酸酯材料由于其优良的综合力学性能（尤其是抗冲击韧性和尺寸稳定性，在所有热塑性塑料中比较突出）和良好的透明度而被誉为"透明金属"。

聚碳酸酯材料的应用极其广泛，尤其在电子产品（图 3-5）、仪表、机械、光学照明、交通运输、医疗器械等领域。通过在聚碳酸酯材料中加入玻璃纤维、碳纤维或硼纤维等增强材料而制成的增强塑料，可用于制作齿轮等传动零件，以及耐高压的各种垫片、垫圈、套管、飞机驾驶室的风窗玻璃等。

图 3-4 ABS 塑料外壳的洗衣机

图 3-5 PC 塑料外壳的照相机

3. 聚酰胺（PA）

聚酰胺材料又称为"尼龙"（Nylon），在我国，因为锦州某化工厂在国内首先制成而得名"锦纶"。聚酰胺材料品种很多，如 PA-6、PA-66、PA-610、PA-1010 等。

聚酰胺材料的耐磨性和自润滑性极好，因此广泛应用于要求耐磨、耐蚀的各种传动零件和承载零件。同时，聚酰胺材料的韧性和强度均比较高，且具有抗霉性、抗菌性、无毒、流动性好的特点，常用于制造各类电子消费品的外壳。

4. 聚甲醛（POM）

聚甲醛材料具有优良的综合性能，又称"赛钢"。与聚酰胺材料相比，聚甲醛材料吸水性较小，尺寸稳定性好，并具有较高的弹性模量、硬度、刚度、耐疲劳和抗蠕变性能及优良的耐有机溶剂性能，因此常用于制造结构件和耐磨零件，如轴衬、齿轮、凸轮、阀杆、仪表板、化工容器和管道。

聚甲醛材料的缺点是热稳定性较差，成型加工中要严格控制温度，收缩率大，可燃，长期在大气中暴晒会老化。

3.2.4 特殊工程塑料

1. 聚甲基丙烯酸甲酯（PMMA）

聚甲基丙烯酸甲酯，也称为亚克力塑料。它的透光性好，对太阳光的透过率达 99%；

着色性也好，可制成各种颜色的板材。其缺点是表面硬度不高，易擦伤变毛。通过现代表面处理工艺可以对其表面进行硬化处理，使其耐磨、耐刮，这种经过处理的材料也称为"有机玻璃"（图3-6）。

2. 环氧树脂（EP）

环氧树脂的品种很多，其强度很高，有良好的化学稳定性和尺寸稳定性。但其价格贵，且毒性大（某些树脂和固化剂），故应用范围较小。在电子电器工业中，多用于包装和封装。还可以用于制作塑料模具，在单件小批量生产（例如在工业设计中制作模型时）中也有应用。

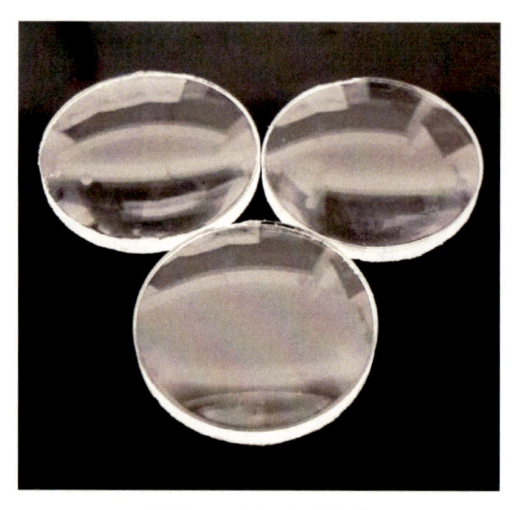

图 3-6　有机玻璃镜片

3. 聚砜（PSF）

聚砜的特点是机械强度高，冲击强度高，高温时的强度高，可在 –100～150℃的环境中长期使用，故常用于制造汽车护板、仪表板、风扇罩等零部件和印制电路板。其缺点是对酮等溶剂不稳定，且其成形温度较高（330～350℃）。

4. 有机硅塑料（SI）

有机硅塑料也称为硅胶，其特点是耐寒、耐热，但强度低，成本高。硅胶可用于制作各类儿童产品（图3-7）、化妆品等。在快速产品开发中，可利用硅胶材料制作快速模具，通过与快速成型技术结合的翻模、复制，能在首个样品的基础上，翻制出大量复制品。这样的复制品可用于产品设计研发阶段的功能测试。这种利用硅胶材料的翻模、复制技术（图3-8），在专业的模型手板厂中较为常见。

图 3-7　硅胶奶嘴　　　　　　　图 3-8　硅胶翻模复制

5. 聚酯树脂（UP）

聚酯树脂是不饱和聚酯的简称。聚酯树脂固化时无气体放出，黏度低，成型时不需加压力，室温下即可固化，可加玻璃纤维增强（玻璃钢），且无毒性，因此常用于制造飞机部件、汽车外壳、透明天窗及电器仪表外壳等。

6. 聚四氟乙烯（PTFE）

以聚四氟乙烯为代表的氟塑料，具有耐高低温（–180～250℃）、耐蚀、耐候、电绝缘性好等一系列的优异性能,因而在许多领域具有其他塑料不可替代的应用。因其耐蚀性优异,可抵御王水等强酸碱,化学稳定性超过玻璃、陶瓷、不锈钢、金和铂,被称为"塑料王"。但其缺点是机械强度不高,受热胀冷缩影响大,且价格昂贵。

当温度达到390℃时,聚四氟乙烯会分解并释放有毒气体,故加工时要注意防护和严格控制温度,不能用注射法加工,一般用冷压烧结法成型。由于其优异的特殊性能,在特定场合中应用仍很广泛,如人造血管、人工心肺等。

不粘锅的"特氟隆"涂层也是一种氟塑料,用于光伏太阳能板的"特氟隆"透明薄膜对紫外线的抗老化性能极佳,且对太阳光的透过率可达到95%以上。

常见高分子塑料中英文对照表见表3-1。

表3-1 常见高分子塑料中英文对照表

中文学名	简称	俗称	英文学名	主要用途
丙烯腈-苯乙烯	ABS	ABS	Acrylonitrile Butadiene Styrene	电器外壳、日用品、玩具、运动用品
聚碳酸酯	PC	防弹胶	Polycarbonate	电子外壳、高抗冲的透明件、高强度及耐冲击的零部件
聚氯乙烯	PVC	PVC	Poly(Vinyl Chloride)	制造棒、管、板材、输油管、电线绝缘层、密封件等
聚氨酯树脂	PU	PU	Polyurethane Resin	鞋底、椅垫床垫、人造皮革、油漆
聚乙烯	PE	PE	Polyethylene	软管、板材、绳缆、槽和阀、薄膜、各种容器、包覆电缆
聚丙烯	PP	PP、百折胶	Polypropylene	包装袋、拉丝、包装物、日用品、玩具等
聚甲基丙烯酸甲酯	PMMA	亚克力、有机玻璃	Polymethyl Methacrylate	透明装饰材料、灯罩、风窗玻璃、仪器表壳
乙烯-醋酸乙烯酯	EVA	EVA、橡皮胶	Ethylene-Vinyl Acetate	鞋底、薄膜、板片、通管、日用品等
聚酰胺-6	PA-6	尼龙单6	Polyamide-6	轴承、齿轮、油管、容器、日用品
聚酰胺-66	PA-66	尼龙双6	Polyamide-66	机械、汽车、化工、电器装置等
聚酰胺-9	PA-9	尼龙9	Polyamide-9	机械零件、泵、电缆护套
聚酰胺-1010	PA-1010	尼龙1010	Polyamide-1010	绳缆、管材、齿轮、机械零件
通用聚苯乙烯	PS	硬胶	General Purpose Polystyrene	灯罩、仪器壳罩、玩具等
聚甲醛	POM	赛钢	Polyoxymethylene	齿轮、轴承等
硝酸纤维素	CN	赛璐珞	Cellulose Nitrate	眼镜架、玩具等
醋酸纤维素	CA	酸性胶	Cellulose Acetate	家用器具、工具手柄、容器等
聚对苯二甲酸乙二醇酯	PET	涤纶	Polyethylene Terephthalate	轴承、链条、齿轮等
聚砜	PSF	PSF	Polysulfone	汽车护板、仪表板和印制电路板
有机硅塑料	SI	硅胶	Silicone	防水塞、防水圈、缓冲垫、儿童用品等

3.3 塑料材料成型工艺

塑料的加工成型工艺方法很多,分类多种多样,应用也极其广泛,而且随着技术的进步,更加新、高、精、尖的材料、加工工艺和工艺设备也在不断涌现。

塑料的成分复杂，作为其主要原料的树脂基本上可分为粉状、颗粒状和溶液三类。在塑料加工成型前，需要在树脂里加入各种助剂和填料。为了使树脂和各种助剂、填料均匀混合形成均匀的复合物，通常要经过混合、捏合或塑炼过程。粉料固体物料的混合称为混合；粉料固体物料与液体物料的浸渍与混合称为捏合；塑料物料与液体物料或固体物料的混合称为塑炼。

塑料主要成型方法有挤出成型、注射成型、压延成型、模压成型、吹塑成型、发泡成型、浇注成型、增强塑料成型、涂覆制品成型、热成型等。

3.3.1 挤出成型

挤出成型也称为挤压成型、挤塑成型或压出成型。这种塑料加工工艺适合绝大多数热塑性塑料和少数热固性塑料，可以用于加工各种薄膜、管、板、片、棒、丝、带、网以及中空容器和复合材料。工艺过程为加料→升温塑化→挤出成型→冷却定型。

挤出成型所使用的主要工艺设备是单螺杆挤出机（图3-9）。

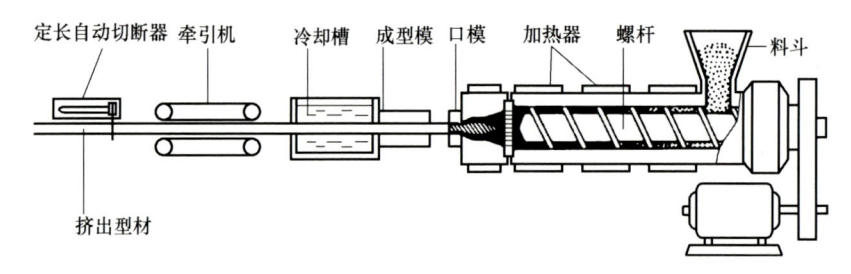

图 3-9 挤出成型示意图

单螺杆挤出机的核心部件是一根螺杆。螺杆由电动机通过带传动和齿轮箱传动而转动。当原料由料斗加入时，原料由于加热器的加热升温而逐渐融化。旋转的螺杆把固态和融化的物料向前端推去。

温度的控制是决定成型质量的关键因素之一，过高的温度会使塑料变质，而过低的温度则会导致塑料黏度过低、挤出压力不足，因此通常采用由温控器控制功率的电加热器。向左推进的物料将通过左端的口模挤出。为保持物料流过口模时温度，口模外围还需要配备机头加热器。挤出物料的断面形状是由口模内型腔的形状决定的；如果口模中心有芯子，则挤出的物料将是中空的，这就是管状型材成型的方法。

以单螺杆挤出机为核心，可以组成多种塑料加工成型设备，形成多种塑料加工成型工艺。

挤出成型不仅可以用于制造塑料的线材、管材、板材，也可以制造电线电缆和软霓虹光管的包覆，纸张和布的塑料涂覆等。

同时，挤出成型也可用于金属材料的成型，例如铝合金型材、钢管等的制造。各种挤出成型的型材如图3-10所示。

图 3-10 各种挤出成型的型材

3.3.2 注射成型

注射成型也称为注射模塑,其生产过程可以形象地描述为"打针",先将原料加温塑化,然后向模具型腔注射并定型,待冷却固化后开模取出塑料制成品。

注射成型加工工艺适合于全部热塑性塑料和部分热固性塑料。注射成型大量用于各种工业品和日用品的生产,如电视机外壳、洗衣机的上盖、冰箱的门和上盖、空调机面板、计算机外壳等。

注射成型使用的设备是注射机(图 3-11),其核心部分也是单螺杆挤出装置。为了加大挤出压力,螺杆及其传动齿轮可以在其后部(图 3-12 右侧)液压缸的压力下一起向左侧运动。

图 3-11 注射机

注射成型

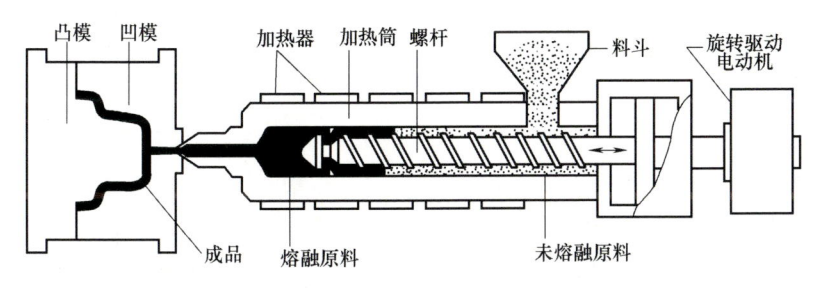

图 3-12 注射成型示意图

熔融的液态物料从口模流出后直接进入图 3-12 中最左侧模具的型腔中。模具由左右两部分组成,左边是"凸模",右边是"凹模",两者之间形成中空的模具型腔。

待液态物料充满型腔并冷却、固化后,将其从模具中取出,就成为所需的塑料产品。为了便于取出成品,通常两部分的模具一边是固定的,另一边则是可移动的。因此,模具部分的右边还有分开和闭锁模具的液压缸(称为闭锁缸)和一套锁模机构。在向模具型腔内注入熔融物料时,右边的移动模具要承受很大的压力,需要通过锁模机构的增力作用加大闭锁缸的压力,否则就需要尺寸很大、压强很高的闭锁缸。

为了让熔融的物料能充满型腔,设计零件时要注意其最小壁厚不能太小,转角处的圆角半径要尽可能大一些。同时,为使零件在冷却收缩时不致出现缺陷,零件各处的壁厚要尽量接近。为了方便从模具中取出成品,设计零件时要考虑零件上的分型面(左右模具的分界面）位置和空间形状的简单化，在模具的型腔上制造出适当的脱模斜度，并在注射前，在模具型腔内表面涂抹脱模剂。

注射成型工艺灵活性大，适应性强。随着技术的发展，注射模具早已脱离了只能由简单的两部分组成的限制，可以通过增加各种"行位""嵌件"（图3-13a），做出形态复杂的产品，从而为工业设计提供了外观造型和结构设计的更大自由度。目前，注射成型广泛用于各种塑料产品，包括各类塑料盒、塑料盆、塑料桶、电子电器产品的外壳、塑料工艺品等（图3-13b）。

a) 包含斜向"行位"的注射模具　　b) 注射成型的遥控器外壳

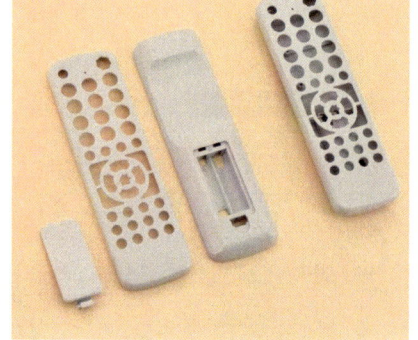

图3-13　注射成型的模具、外壳

3.3.3　吹塑成型

吹塑成型，顾名思义就是通过"吹气"的方式成型，其原理和"吹气球"类似。

吹塑成型主要有薄膜吹塑和中空容器吹塑两类，适用于聚氯乙烯（PVC）、聚乙烯（PE）、聚丙烯（PP）、聚碳酸酯（PC）等塑料。

中空容器挤出吹塑大量应用于各种塑料容器的生产制造，如矿泉水瓶、饮料瓶、润滑油瓶、洗衣液瓶及其他化工液体产品容器等。

吹塑设备的核心是一种可以定量挤出的单螺杆挤出机（图3-14）。通常加工过程为：挤出机挤出定量的等径中空物料到容器模具里（图3-15a）；在中空物料下部插入压缩空气管，在模具闭合时中空物料上下两端均成封闭状；接着通过压缩空气管吹入压缩空气使中空物料在模具中充分胀大，直到与模具内壁贴合成型（图3-15b）；模具分开后冷却固化即可取出制品（图3-15c）。

与注射成型相比，挤出吹塑成型有如下优点：

1）吹塑机械（尤其是吹塑模具）的造价较低

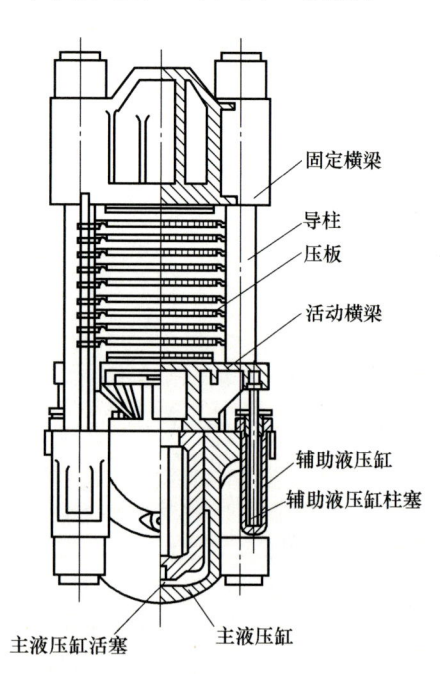

图3-14　吹塑用单螺杆挤出机
（标注：固定横梁、导柱、压板、活动横梁、辅助液压缸、辅助液压缸柱塞、主液压缸活塞、主液压缸）

　　　　a)　　　　　　　　　b)　　　　　　　　　c)

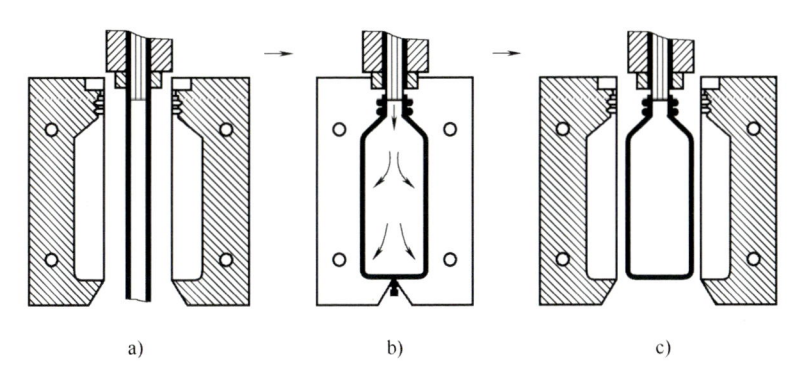

图 3-15　吹塑成型过程

（成型相似的制品时，吹塑机械的造价为注射机械的 1/3~1/2），制品的生产成本也较低。

　　2）吹塑中，型坯是在较低压力下通过机头成型并在低压下吹胀的，因而制品的残余应力较小，耐拉伸、冲击、弯曲，具有较好的使用性能。而在注射成型中，熔融物料要在高压下通过模具流道与浇口，容易出现应力分布不均匀的状况。

　　3）吹塑级塑料（例如 PE）的相对分子质量比注射级塑料要高得多。因此，吹塑制品具有较好的冲击韧性、耐候性、防开裂性能，适用于生产运输包装、洗涤剂容器、化学试剂的容器或大桶等。

　　4）由于吹塑模具（图 3-16）仅由阴模构成，故通过简单地调节机头模口间隙或挤出条件即可改变制品的壁厚，这对无法预先准确计算所需壁厚的制品很有利。

　　5）吹塑成型可以生产壁厚很小的制品（常见的饮料瓶壁厚为 0.1~0.5mm）。

　　6）吹塑成型可以生产形状比较复杂、不规则且为整体式的制品。

吹塑成型的缺点：

1）吹塑成型制品的精度一般没有注射成型制品的精度高。

2）吹塑成型制品的壁厚并不均匀，如果控制不好，可能出现个别地方过薄或过厚的问题。

图 3-16　吹塑模具

3.3.4 吸塑成型

热成型是将裁成一定尺寸和形状的塑料片材固定在模具框架中，在加热状态下用压力使其贴合在模具上成型的方法。热成型有模压法和差压法两类。模压法又分单阳模、单阴模和对模成型三种。差压法多利用塑料片材上下两面的压差使其成型，根据压差的形成方法又分为真空成型（一面常压、另一面抽真空）、气压成型（一面常压、另一面加压缩空气）和复合差压成型（一面抽真空、另一面加压缩空气）。

吸塑成型（图3-17）又称为真空吸塑，是热成型工艺的一种。通常用于制作旅行箱包、各类透明包装等（图3-18）。

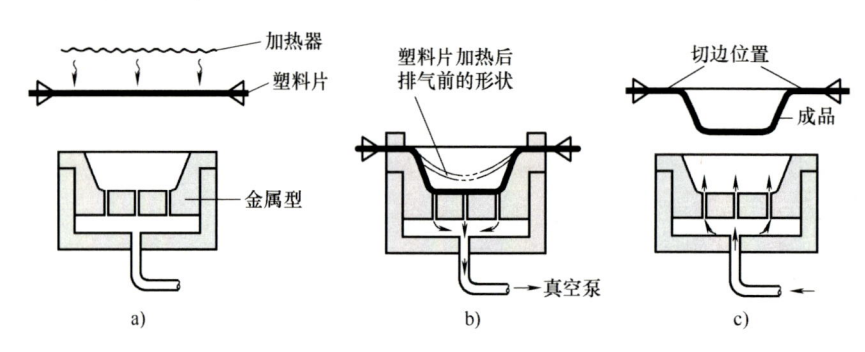

图 3-17 吸塑成型过程

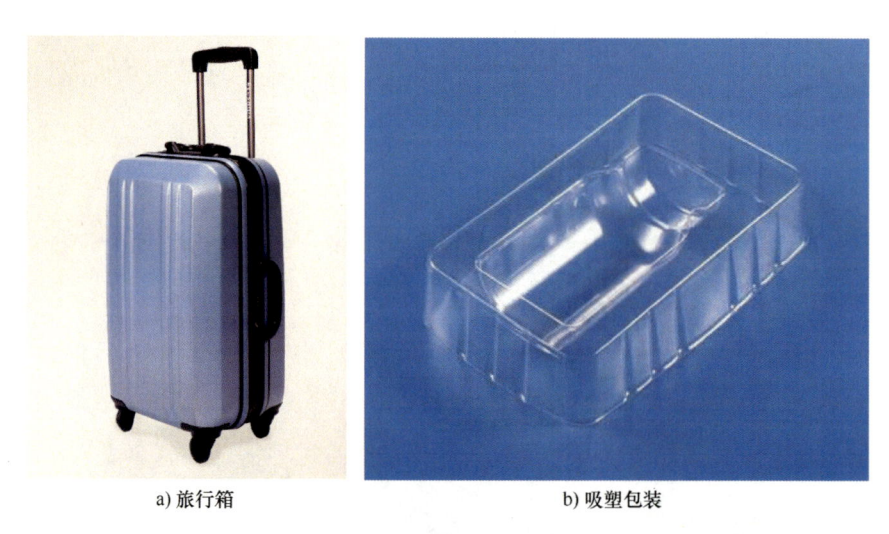

图 3-18 吸塑成型的产品

a) 旅行箱　　b) 吸塑包装

热成型方法有多种，但基本上都是以真空、气压或机械压力三种方法为基础加以组合或改进而成的。

吸塑成型的基本步骤：

1) 将塑料片材装夹在模具框架上。
2) 将塑料片材加热到软化状态。
3) 通过抽真空，利用空气压力，使塑料片材紧贴模具型面。
4) 冷却定型后即得制品。

吸塑成型也常用于橡胶加工，与注射成型相比较，吸塑成型具有生产效率高，设备投资少和能制造表面积较大的产品等优点，使用的塑料主要有聚苯乙烯、聚氯乙烯、聚烯烃等。可用于生产饮食用具、玩具、帽盔以及汽车部件、建筑饰件、化工设备等。

3.3.5 压延成型

压延成型与挤出成型、注塑成型一起被称为热塑性塑料的三大成型方法。

压延成型是生产高分子材料薄膜和片材的主要方法，它是将接近黏流温度的物料通过一系列相向旋转着的平行辊筒的间隙，使其受到挤压和延展作用，成为具有一定厚度和宽度的薄片状制品。

压延成型的设备是压延成型机（图3-19），其出料部分仍是单螺杆挤出机。将熔融的热塑性塑料挤出于成对的平行辊筒之间，经牵引和加压使之形成连续的、致密的、具有一定厚度和表面粗糙度的膜状或片状制品。在压延过程中，也可以在物料表面附覆一定的基材，制成人造革、塑料墙纸（布）等产品。

压延过程中，在辊筒对物料挤压和剪切的同时，辊筒也受到来自物料的反作用力，这种力图使两辊筒分开的力称为分离力。通常可将辊筒设计并加工成略带腰鼓形的形状，或调整两辊筒的轴，使其交叉一定角度（轴交叉）或加预应力，就能在一定程度上克服或减轻分离力的有害作用，提高压延制品厚度的均匀性。在压延过程中，热塑性塑料由于受到很大的剪切应力作用，大分子会沿着薄膜前进方向发生定向作用，使生成的薄膜在力学性能上出现各向异性，这种现象称为压延效应。压延效应的大小，受压延温度、辊筒转速、供料厚度和材料物理性能等的影响，升温或增加压延时间，均可减轻压延效应。

压延成型适用于聚氯乙烯（PVC）、聚乙烯（PE）、聚丙烯（PP）、ABS等塑料，目前以加工各种PVC为最多。

以PVC薄膜（图3-20）生产为例来介绍一个完整的压延成型过程。PVC薄膜的压延成型工艺是以PVC树脂为主要原料，按薄膜制品的具体要求，把其他辅料（增塑剂、稳定剂、填料及其他辅料）按配方的不同比例，经计量混合，加入到PVC树脂中。由高速混合机搅拌混合均匀，再经过密炼机、挤出机或开炼机的混炼、预塑化，输送到压延机上压延成型。最后，通过冷却辊筒的降温定型，形成最终产品。

图3-19 压延成型机

图3-20 压延成型的PVC薄膜

3.3.6 其他塑料成型方法

1. 模压成型

模压成型适用于各种热固性塑料。它是将粉状、粒状或纤维状的塑料物料放入成型温度下的模具型腔中封闭加压而成。模压成型可分为压缩模压和层合（层压）两类，后者主要用于生产各类板材。模压成型的主要设备是各类模压成型机（图3-21）。

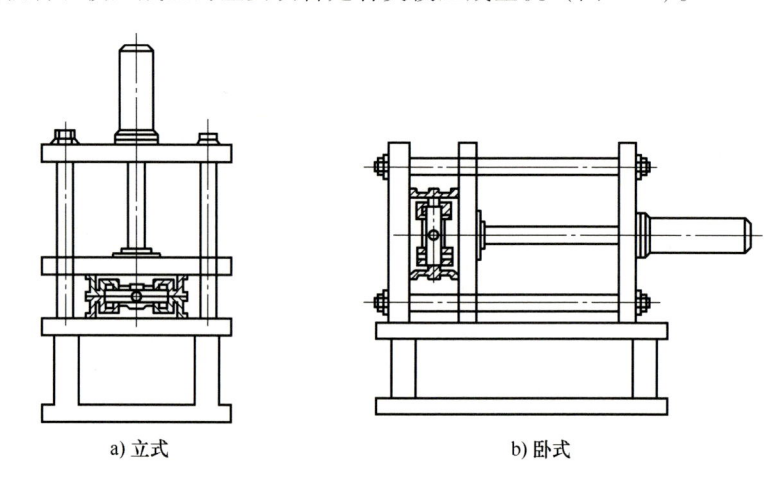

a) 立式　　b) 卧式

图 3-21　模压成型机

模压成型主要有以下几种方法：

1）纤维料模压法：将经预混或预浸的纤维状模压料，投入到金属模具内，在一定的温度和压力下成型为复合材料制品。

2）碎布料模压法：将浸过树脂胶液的玻璃纤维布或其他织物，如麻布、有机纤维布、石棉布或棉布等的边角料切成碎块，然后在模具中加温加压成型为复合材料制品。此法适于成型形状简单、性能要求一般的制品。

3）织物模压法：将预先织成所需形状的二维或三维织物浸渍树脂胶液，然后放入金属模具中加热、加压，成型为复合材料制品。

4）层压模压法：将预浸过树脂胶液的玻璃纤维布或其他织物裁剪成所需的形状，然后在金属模具中加温、加压，成型为复合材料制品。

5）缠绕模压法：将预浸过树脂胶液的连续纤维或布（带），通过专用缠绕机提供一定的张力和温度，缠在型芯上，再放入模具中进行加温、加压，成型为复合材料制品。

2. 发泡成型

发泡成型制品是以树脂为基础、内部具有无数微孔结构的非均相塑料制品。发泡塑料中的"泡"可以是开孔型的，也可以是闭孔型的。制成的发泡塑料可以是硬质的、半硬质的或软质的。发泡塑料的发泡程度有很大的变化范围，从而使发泡塑料的密度也在很大范围内变化：低发泡塑料的密度约 $400kg/m^3$；中发泡塑料密度为 $100\sim400kg/m^3$；高发泡塑料的密度都在 $100kg/m^3$ 以下。

发泡成型是制作各类发泡塑料成型方法的总称。按发泡塑料制造方法，可分为一步发泡法和两步发泡法。

1）一步发泡法。将发泡用塑料原材料配制完成后由一个工序制得发泡塑料的方法称为一步发泡法，又称为直接法，聚氨酯发泡塑料（图 3-22）是其典型代表。

2）两步发泡法。由两个工序制得发泡塑料的方法称为两步发泡法，又称为间歇法。在两步发泡中，前一工序称为前发泡或预发泡，此时泡沫或珠粒尚未充分膨胀，密度也较高，这样制得的珠粒是可发性珠粒。后一道工序称为后发泡或二次发泡，制得充分膨胀、低密度的最终发泡塑料制品。聚苯乙烯、聚乙烯发泡塑料等就是用这种方法制作的。

图 3-22　聚氨酯发泡塑料

塑料的发泡成型几乎适用于所有树脂，发泡成型时的发泡方法通常有机械发泡（混入气体、机械搅拌），如脲甲醛（UF）；物理发泡（用惰性气体加压引入），如聚苯乙烯（PS）、聚氯乙烯（PVC）、聚乙烯（PE）；化学发泡（加发泡剂），如聚氨酯（PU）。

发泡塑料的用途主要是制作隔声、隔热、包装缓冲材料以及轻质叠层板等。

3. 浇注成型

浇注成型是在常压或低压下将液状物料注入模具空腔成型的方法。常见的浇注成型有以下几种：

1）静态浇注。在常压下完成，可用于尼龙、PMMA、聚氨酯、EP（乙烯和丙烯的共聚物）等。

2）离心浇注。适用于黏度低、热稳定性好的熔体，如聚酰胺、聚乙烯等。

3）流延注型。热固性树脂和热塑性树脂配合后流布于回转的不锈钢带上，待固化后从载体上剥下，即流延薄膜。用于三乙酸纤维素（CTA）、不饱和聚酯、聚甲基丙烯酸甲酯等。

4）嵌注。非塑料件包封在塑料中，多用于透明塑料（聚甲醛、不饱和聚酯、有机玻璃），电器上也用于封装绝缘。

5）搪塑与浸蘸成型。将糊状塑料倒入预热后的阴模（或用阴模浸蘸半液态塑料），未等塑料凝固即将其剥下的成型方法。可制作玩具、手套、隔膜等。

6）滚塑与旋转成型。将定量的液态或粉状塑料注入模具中，经纵向滚动使其在模具内均布（粉状原料需加热）而成型的方法。

总体来讲，浇注成型工艺一般不施加压力，故而制品中内应力低，对设备和模具的强度要求不高，同时对制品尺寸的限制也小。因其生产投资较少，但生产周期较长，成型后往往还需进行机械加工等因素，常用于形体大、批量小的大型塑料制件。图 3-23 所示为滚塑成型的产品，如户外道路设施、大型塑料容器、垃圾桶。

4. 涂覆制品成型

涂覆制品主要有两类：以布或纸为基底以及在金属设备或零件上的涂覆（图 3-24）。前者可制造人造革、墙纸、地板革等，通常与单螺杆挤出机连成一条生产线。后者则是在金属上涂覆一层塑料，以起到耐蚀、绝缘、耐磨、自润滑等作用，常用于电线电缆的涂覆（图 3-25）。

涂覆制品几乎适用于所有塑料，较常用的有聚氯乙烯、高压聚乙烯、聚酰胺和环氧树脂等。

a) b) c)

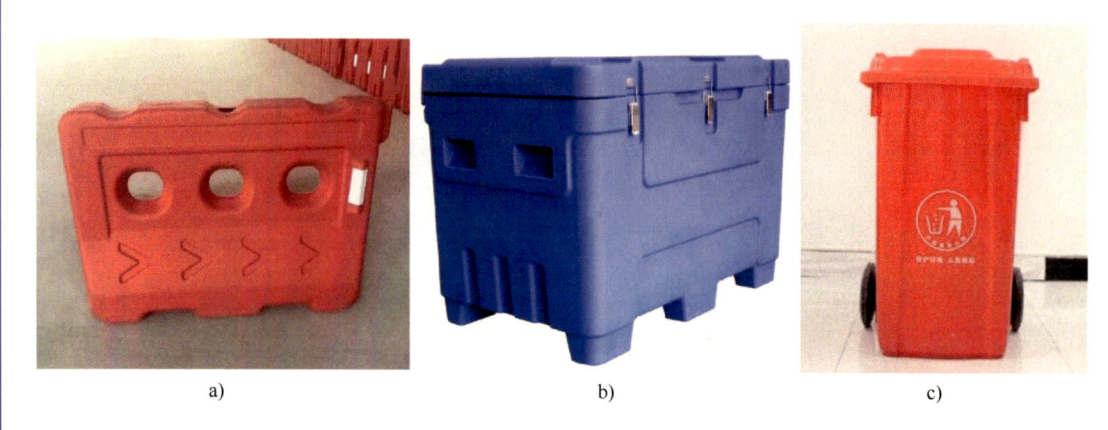

图 3-23 滚塑成型的产品

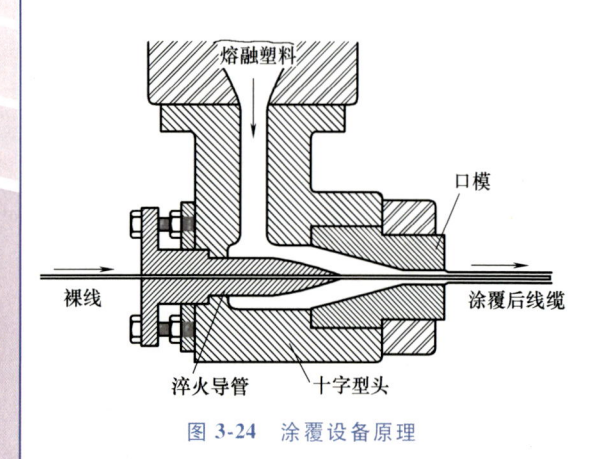

图 3-24 涂覆设备原理

图 3-25 涂覆成型的橡胶管

3.4 塑料的表面处理工艺

塑料表面处理工艺种类较多，包括涂装、镀饰、印刷、咬花、彩饰等，其中最为常用的是涂装和镀饰。

3.4.1 涂装工艺

塑料涂装的主要目的是防止塑料制品老化，提高制品耐化学药品与耐溶剂的能力，以及装饰着色，获得不同表面肌理等。

涂装的效果是在塑料制品的表面被覆一层厚度为 $10\sim20\mu m$ 的油漆膜。这层油漆膜通常由底漆和面漆先后凝固而成。底漆的作用是提高塑料基底与涂层的附着力，而面漆的作用是保护塑料表面，并且面漆具有不同的颜色、质感，可以装饰和美化塑料产品。

1. 涂装工艺的作用

涂装工艺的主要作用有以下三个方面：

1) 保护作用。保护金属、木材、石材和塑料等物体不被光、雨、露、水和各种介质侵蚀。使用涂料覆盖物体是最方便可靠的防护办法之一，可以保护物体，延长其使用寿命。

2）装饰作用。涂料涂装可使物体"披上"一身美观的外衣，具有光彩、光泽和平滑性，被美化的环境和物体能使人们产生美和舒适的感觉。

3）特种功能。给物体涂装上特殊涂料后，可使物体表面具有防火、防水、防污、示温、保温、隐身、导电、杀虫、杀菌、发光及反光等功能。

涂层寿命受三个方面因素制约：表面处理占60%，涂装施工占25%，涂料本身质量占15%。因此，在实际的涂装工艺流程中，要特别重视各步骤的规范性。

2. 涂装基本工艺流程

（1）涂装工艺流程　上挂→静电除尘→底漆涂装Ⅰ→流平室Ⅰ→底漆涂装Ⅱ→流平室Ⅱ→面漆涂装→流平室Ⅲ→烤炉。

（2）涂装工艺流程说明

1）上挂。上挂是将需要涂装的塑料制件通过挂、黏等各种放置方式，固定在喷涂架上。

2）静电除尘。通过静电除尘设备除去塑料制件表面的灰尘和静电等异物。静电除尘是保持喷房环境清洁、保证涂装品质的重要因素。

3）喷涂。通过喷枪，将油漆雾化后附着于塑料制件的表面。

4）流平。将黏附着油漆的塑料制件放置一段时间，等待表面的液态油漆均匀分布的过程。

5）固化。将液态油漆通过物理或化学方式凝固的过程，通常使用紫外线固化或烘烤炉。

3. 涂装工艺常用设备与工具

（1）手工喷涂工具

1）喷枪。喷枪是手工涂装的基本工具，按照喷漆的动力原理，分为空气式喷枪和高压无气喷枪。

① 空气式喷枪（图3-26）的原理是将压缩空气经喷枪前部的空气帽喷射出来，在与之相连的涂料喷嘴前部产生低压区，利用气压差，把油漆从罐中吸到喷嘴，加以雾化后喷出，主要供大面积喷涂使用。

② 高压无气喷枪系统是一种特殊的喷枪，枪内没有压缩空气通道，主要由枪头、针形阀、喷嘴、扳机组成，要承受高压气流的冲击力。这种喷枪适用于黏度较高、涂层厚的涂料，往往用于钢板涂装，在塑料制件涂装领域并不常用。

2）水帘柜。水帘柜是手工涂装过程中经常使用的设备，其主要作用是把喷漆时剩余的大部分漆粉直接打在水池里或水帘面上；而产生的气味

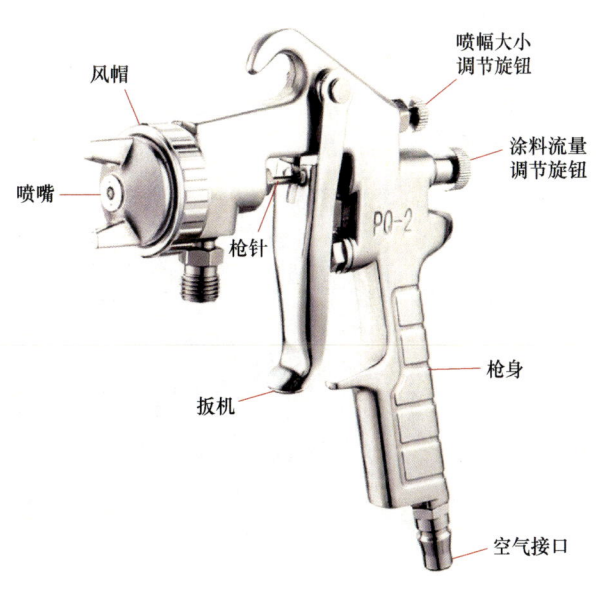

图3-26　喷涂使用的喷枪

及少量未吸附的漆粉,则通过多层水帘幕过滤后经排风机排到喷漆房外。因此,水帘柜既可以起到净化喷漆工作环境及保护人身健康的作用,又能使喷漆的工件表面增强光洁度。

图 3-27 所示为一种高效环保水帘柜(喷漆台),主要采用水来过滤喷漆车间的废气(漆雾),因此需要定期换水。

(2)涂装机器人　涂装机器人又称为喷漆机器人(图 3-28),是可进行自动喷漆或喷涂其他涂料的工业机器人。涂装机器人主要由机器人本体、计算机和相应的控制系统组成;液压驱动的涂装机器人还包括液压源,如液压泵、油箱和电动机等。

涂装机器人大多采用 5 或 6 自由度以上的关节式结构,手臂有较大的运动空间,并可做复杂的轨迹运动;尤其是其腕部,一般有 2~3 个自由度,可灵活运动。

目前,较先进的喷漆机器人采用柔性手腕,既可向各个方向弯曲,又可转动,其动作类似人的手腕,能方便地通过较小的孔伸入工件内部,喷涂其内表面。

喷漆机器人广泛用于汽车、仪表、电器、搪瓷等行业。

图 3-27　手工喷涂使用的水帘柜 　　　　图 3-28　正在喷涂汽车外壳的喷漆机器人

(3)自动喷涂生产线　为适应大批量高产能的工业产品的生产,将喷漆过程中的各类工具重新组合成一种专门针对涂装工艺的流水线,称为"自动喷涂生产线",如图 3-29 所示。自动喷涂生产线具有喷涂速度快,涂膜均匀、生产效率高、良品率高的优势,是应用在大批量产品生产过程中提高工艺品质、代替人工的首选。

图 3-29　自动喷涂生产线

4. 常用油漆

油漆的种类很多，通常应具备以下基本特征：

1）对水、氧及腐蚀性介质的渗透性极小。
2）与底材的附着力强而持久。
3）有较好的防护、装饰性能。
4）具有特殊性能，如绝缘、导电、隔热性等。
5）具有适当的涂装配套体系。

随着技术水平的提高，人们对节能和环保更为重视，因此油漆的性能需要在上述性能的基础上，增加低温快干、环保节能等要求。

油漆通常分为底漆和面漆，两者作用不同。例如，目前国内工程机械采用的涂料一般为环氧酯类底漆，聚氨酯类面漆。前者防锈性能好，后者具有较好的装饰性能。

目前，大量应用于塑料工业产品领域的油漆品种和标号繁多，但可以根据油漆的固化（干燥）原理，将其大致划分为 UV 漆和 PU 漆两类。

（1）UV 漆　UV 漆是以油漆的固化方式命名的，它是一种在紫外线（Ultraviolet，UV）的照射下能够在几秒钟内迅速固化成膜的涂料，即紫外线固化油漆，也称为光引发涂料、光固化涂料。

UV 漆能利用紫外线迅速固化的根本原因在于使用了光敏感固化剂。紫外线照射之后，这种固化剂将迅速引发交联反应，形成固化的油漆膜，从而缩短干燥时间。

（2）PU 漆　PU 漆又称为聚氨酯漆，是木器漆中市场占有率最高的一种油漆，可以分为双组分和单组分两种。

双组分 PU 漆一般由含羟基树脂和异氰酸酯预聚物（也称为低分子氨基甲酸酯聚合物）两部分组成，通常称为主剂组分和固化剂组分。使用时将主剂组分和固化剂组分混合，树脂提供的羟基与固化剂提供的 NCO 基团进行交联反应后固化成膜。

PU 漆的固化速度不如 UV 漆那么迅速，往往需要一定的烘烤或晾干时间；但其成膜品质高，还能形成"橡胶漆"或"手感漆"的独特质感，因此也被广泛应用。

单组分 PU 涂料主要有氨酯油涂料、潮气固化聚氨酯涂料、封闭型聚氨酯涂料等品种。单组分漆应用面不如双组分漆广，总体性能不如双组分漆全面。

目前市场上占多数的是双组分聚氨酯漆，其漆膜强韧、光泽丰满、附着力强、耐水、耐磨、耐蚀，广泛用于木器家具、高档工业产品的表面涂饰。

（3）UV 漆与 PU 漆的区别

1）油漆的固化方式。UV 漆采用紫外线固化，而 PU 漆采用专用的固化剂。

2）生产效率。UV 漆是单组分，使用过程当中不需配固化剂或稀释剂等成分，而且 UV 漆固化速度快，效率高。而 PU 漆由于干燥时间长，所需工期也较长。

3）生产的环保性。UV 漆的固含量达到 98% 以上，使用过程中没有溶剂的挥发，所含成分全部固化成膜，对施工操作人员的健康危害及环境的污染都是最低的。而 PU 漆施工过程中有害物质挥发较多，对操作人员的危害较大。

4）开裂性。UV 漆使用紫外线照射瞬间干燥，无法渗透到木材里面，容易脱落，特别是在木材自然膨胀、收缩量大时会导致表面油漆开裂。而 PU 漆采用渗透自然干燥，一般需要 12h 方能渗透完毕，加工速度较慢，PU 漆有很强的渗透性和柔韧性，能渗透到木材的表层里面，不易开裂和脱落。

5）表面特性。UV漆光度强、表面平滑、硬度高。PU面漆的抗重击能力和耐磨性比UV漆强。

3.4.2 塑料的电镀

电镀就是利用电解原理在物体表面镀上一薄层其他金属或合金的过程，从而起到防氧化，提高耐磨性、导电性、反光性、耐蚀性及增进美观等作用。

塑料电镀的目的是给塑料制件表面披覆上金属，既增加美感，又补偿塑料的性能缺点，赋予其金属的性质，充分发挥塑料及金属的特性。目前塑料电镀已广泛应用在电器、汽车、家庭用品等产品上。

塑料表面可以电镀铜、镍、铝、银、金、锡等金属及其合金。

1. 塑料电镀的工艺过程

如图3-30所示，塑料电镀全过程可以归纳为三大步骤：

1）金属的水合离子从溶液内部迁移到阴极表面。
2）金属水合离子脱水解离，金属离子在阴极上得到电子发生还原反应生成金属原子。
3）还原的金属原子进入晶格结点。

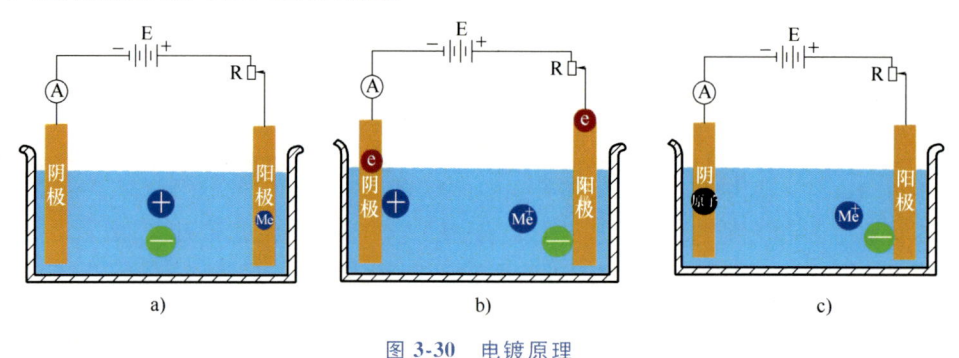

图3-30 电镀原理

具体到工艺实施的操作，按照先后顺序，可以概括为以下过程：

1）表面粗化。采用喷砂或用硫酸腐蚀实现。
2）脱脂。
3）敏化、活化。敏化是让塑料表面吸附易氧化的金属离子（主要针对氧化亚锡），活化是用酸溶液与氧化亚锡反应，让锡离子还原沉积在塑料表面。这样，经过敏化、活化后，塑料表面就形成了一薄层锡。
4）化学浸镀。靠贵金属离子催化，形成薄层金属。
5）电镀。
6）抛光。

2. 塑料电镀的工艺优缺点

与金属制件相比，塑料电镀制品不仅可以实现很好的金属质感，而且能减轻制品重量，在有效改善塑料外观及装饰性的同时，也改善了其在电、热及耐蚀性等方面的性能，提高了其表面机械强度。但电镀用塑料材料的选择却要综合考虑材料的加工性能、电镀的难易程度以及尺寸精度等因素。而ABS塑料因其结构上的优势，不仅具有优良的综合性能，易于加工成型，而且材料表面易于侵蚀而获得较高的镀层结合力，所以目前在电镀中应用极为普遍。

随着工业的迅速发展、塑料电镀的应用日益广泛，成为塑料产品中表面装饰的重要手段之一。目前国内外已广泛在ABS、聚丙烯、聚砜、聚碳酸酯、尼龙、酚醛玻璃纤维增强塑料、聚苯乙烯等塑料表面上进行电镀，其中ABS电镀应用最广，电镀效果最好。

ABS是丙烯腈（A）、丁二烯（B）、苯乙烯（S）的三元共聚物。对电镀级ABS来说，丁二烯的含量对电镀影响很大，一般应控制在18%~23%。丁二烯含量高，流动性好，易成型，与镀层附着力好。由于ABS是非导体，所以电镀前必须附上导电层。形成导电层要经过粗化、中和、敏化、活化、化学镀等几个步骤，比金属电镀复杂，在生产中容易出现问题。

塑料电镀的优点和缺点见表3-2。

表3-2 塑料电镀的优点和缺点

优　　点	缺　　点
成型容易、成型性好；重量轻；耐蚀性佳；耐药性好；电绝缘性优良；价格低廉；可大量生产	耐候性差、易受光线照射而脆化；耐热性差；机械强度差；耐磨性差；吸水率高；工艺程序较复杂，良品控制不易

3. 影响因素

影响塑料电镀质量的因素很多，主要有以下几个方面。

（1）注射机选用　注射机选用不当，有时会因为压力过高、喷嘴结构不合适或混料使制件产生较大的内应力，从而影响镀层的结合力。

（2）塑件选材　塑料的种类很多，但并非所有的塑料都可以电镀。有的塑料与金属层的结合力很差，没有实用价值；有些塑料与金属镀层的某些物理性质（如膨胀系数）相差过大，在高温差环境中难以保证其使用性能。目前用于电镀最多的是ABS，其次是PP。另外PSF、PC、PTFE等也有成功电镀的方法，但难度较大。

（3）塑件造型　在不影响外观和使用的前提下，塑件造型设计时应尽量满足如下要求。

1）金属光泽会使原有的缩瘪变得更明显，因此要避免制品的壁厚不均匀状况，以免出现缩瘪，而且壁厚要适中，不能太薄（小于1.5mm），否则刚性差，在电镀时易变形，镀层结合力差，使用过程中也易发生变形而使镀层脱落。

2）避免不通孔。残留在不通孔内的处理液不易清洗干净，会造成下道工序污染，从而影响电镀质量。

3）电镀工艺有锐边变厚的现象。电镀中的锐边会引起尖端放电，造成边角镀层隆起。因此应尽量采用圆角过渡，圆角半径应大于0.3mm。平板形塑件难电镀，镀件的中心部分镀层薄，越靠边缘镀层越厚，整个镀层呈不均匀状态，应将平面形改为略带圆弧面或用桔皮纹制成亚光面。电镀的表面积越大，中心部位与边缘的光泽差别也越大，略带抛物面能改善镀面光泽的均匀性。

4）塑件上尽量减少凹槽和凸出部位。因为在电镀时深凹部位易露塑，而凸出部位易镀焦。凹槽深度不宜超过槽宽的1/3，底部应呈圆弧。有格栅时，孔宽应等于梁宽，并小于厚度的1/2。

5）镀件上应设计有足够的装挂位置，与挂具的接触面积应比金属件大2~3倍。

6）塑件的设计要使制件在沉陷时易于脱模，否则强行脱模时会拉伤或扭伤镀件表面，或造成塑件较大的内应力而影响镀层结合力。

7) 当需要滚花时，滚花方向应与脱模方向一致且成直线式，滚花条纹与条纹的距离应尽量大一些。

8) 塑件尽量不要有金属镶嵌件，否则在镀前处理时镶嵌件易被腐蚀。

9) 塑件表面应保证有一定的表面粗糙度。

(4) 模具设计　为了确保塑料镀件表面无缺陷、无明显的定向组织结构与内应力，在设计与制造模具时应满足下面要求。

1) 模具材料不要用铍青铜合金，宜用高质量真空铸钢制造，型腔表面应沿出模方向抛光到镜面光亮，平面度误差小于0.2mm，表面最好镀硬铬。

2) 塑件表面如实反映模腔表面，因此电镀塑件的模腔应十分光洁，模腔表面粗糙度应比制件表面粗糙度高1~2级。

3) 分型面、熔接线和型芯镶嵌线不能设计在电镀面上，否则会拉低电镀外观质量。

4) 浇口应设计在制件最厚的部位。防止熔料充填模腔时冷却过快，浇口应尽量大（约比普通注射模大10%），最好采用圆形截面的浇口和浇道，浇道长度短一些，从而降低塑料成型后内部应力释放导致的电镀质量问题。

5) 应留有排气孔，以免在制件表面产生气丝、气泡等疵病。

【拓展阅读——铬电镀】

镀铬工艺通常分为三种类型：装饰性镀层、硬质铬镀层和黑色铬镀层。铬镀层的优点是表面质量非常高、优良的耐蚀性能、坚硬耐用、易于清洗、摩擦系数低，如图3-31所示。

铬镀层在工程领域中应用相当广泛，欧美国家在21世纪之初，开始推行旨在强化环境治理、关注材料使用安全的RoHS和WEEE标准。我国作为出口大国，国内的电镀行业经过技术革新，将"六价铬"电镀工艺更新为"三价铬"电镀工艺。其原因是"六价铬"工艺实施过程中，往往伴随着有毒重金属的排放，容易造成环境问题，对人有害。

装饰性铬镀层通常作为最表层镀于镍层外面，镀层具有精致细腻如镜面一般的抛光效果。作为一道装饰性后处理工序，铬镀层厚度仅为0.006mm。装饰性

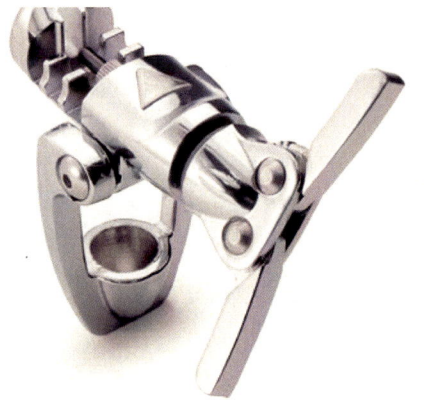

图3-31　铬电镀

镀铬是许多汽车元件的镀层材料，包括车门把手以及缓冲器等，除此之外，铬还应用于自行车零部件、浴室水龙头以及家具、厨房用具、餐具等。

硬质镀铬主要用于工业领域，包括作业控制块中的随机存储器、喷气机发动机元件、塑料模具以及减振器等。

黑色镀铬主要用于乐器装饰以及太阳能利用等方面。

3.4.3　塑料材料表面处理工艺的选择原则

现代产品设计，需要综合考虑各方面的因素，从而达到兼顾商业成功和生态环境的双赢局面。许多成功的产品设计，都提供了在新材料、新工艺、新技术等方面的使用思路和实践

经验。近年来兴起的 CMF 设计风潮，进一步凸显了颜色、材料和表面工艺选择的重要性。

塑料材料的表面应当采用何种表面处理工艺，也必须经过充分的提炼、概括、删繁就简，以清新的时代面貌，充分展现产品纯粹美，避免过度叠加、堆砌。

1. 功能

表面处理工艺的选择，应注意突出产品功能的主体部分，强调功能的正确使用要求。根据功能对操作的不同影响选择适当的处理方法。例如，显示器的屏幕表面必须具有较低的反射率，以防止眩光与反射，并具有增强图形字符与背景对比的性质，以便于操作者清晰、正确地辨识。而触觉控制器则会有两种截然相反的要求：一方面，在需要可靠抓捏的场合，要求摩擦力大；另一方面，在要求能顺利滑移的场合，则要求摩擦力小。

2. 审美

随着经济的发展，审美的需求已经日益成为人们生活中的重要组成部分。虽然审美与每个人的主观因素，如想象力、修养、爱好等密不可分，但同一时期、相同地域、同种文化的影响，也造成了人们审美价值的共同取向。

因此，设计师应充分考虑时代、地域、环境、文化、宗教等因素，选择既能满足人们审美的情感需求，又能兼顾产品功能和性价比属性的装饰工艺。

3. 产品档次

由于消费层次的差异，产品分为高、中、低等不同档次。在对产品选择表面处理工艺时，必须考虑产品档次的经济性，以求得产品的合理装饰，使生产获得理想的经济效益。

高档产品在选用表面处理工艺时，一是对产品外观进行多侧面表面处理，或提高材料本身的质感，或改变材料的肌理，使产品呈现精美感；二是采用多种新的表面处理工艺，使产品具有现代感、贵重感。

中档产品是消费层次较广的一种产品。由于此产品销售面广，价格适中，因此在选用表面处理工艺时既要使产品保持一定的档次，不失现代感，又要考虑产品的价格，不可随意使用表面处理。

低档产品也称为普及型产品。由于售价低，可减少使用表面处理，以降低成本。

4. 成本

表面处理也同样存在成本问题。在表面涂装上无瑕疵、高光泽或无光泽的高级涂料显然比一般的表面处理成本高。

在当今市场上，人们往往愿意为更好的质量付出更多的成本。因此在可供选择的多种表面处理方法中，虽然某些方法的成本相对要高些，但是实际的市场反应可能也更好。

考虑产品寿命及维护成本。例如，在安装街灯时，在钢质灯柱和水泥灯柱中选择，钢质灯柱的单价比水泥灯柱低，但钢质灯柱使用年限仅 20 年，而且还需定期油漆、维护，结果在后期实际付出的成本是钢质灯柱本身成本的两倍以上。而水泥灯柱不需油漆，并可使用更长年限。因此，成本必须与运行费用取得合理的平衡，选择时应作长期考虑。

对于耐用消费品，必须保证产品在正常使用情况下，其表面的处理效果不会在机构构件失效之前就被腐蚀、损坏，否则就会使产品及其品牌失去用户的信任。因此，一些厂家以不锈钢代替需油漆或电镀的普通材料，既保证了产品外观美感，又能抵抗腐蚀和气候影响。虽然这样处理会提高成本，却在消费者心目中树立了高档品牌的良好形象，有利于长期发展。

5. 环境保护

在表面处理工艺及涂、镀材料的选择中，同样应考虑环境保护的因素。传统的涂、镀工艺不仅使能源消耗大，而且会给环境带来污染。例如，含有溶剂的油漆，在其形成漆膜的过程中挥发的溶剂有很大的毒性；在电镀过程中产生的含铬电镀液也会严重污染环境。近年来涌现的一些新表面处理技术则充分考虑了环境保护的因素。例如，粉末涂料是一种不含有机溶剂的固体粉末，其材料利用率几乎为100%，成膜均匀光滑，耐磨性好，而且能耗低，废物处理少，基本消除了对环境的污染。

3.5 有机高分子材料设计案例解析

1. "TOHOT"盐和胡椒摇罐

"TOHOT"盐和胡椒摇罐（图3-32）由法国设计师 Jean Marie Massand 设计。设计者通过此设计将盐和胡椒这两种常用的调味品连接在一起。摇罐的罐体采用半透明的聚丙烯塑料注射成型，内嵌的不锈钢和磁铁将两个罐体连成一体。

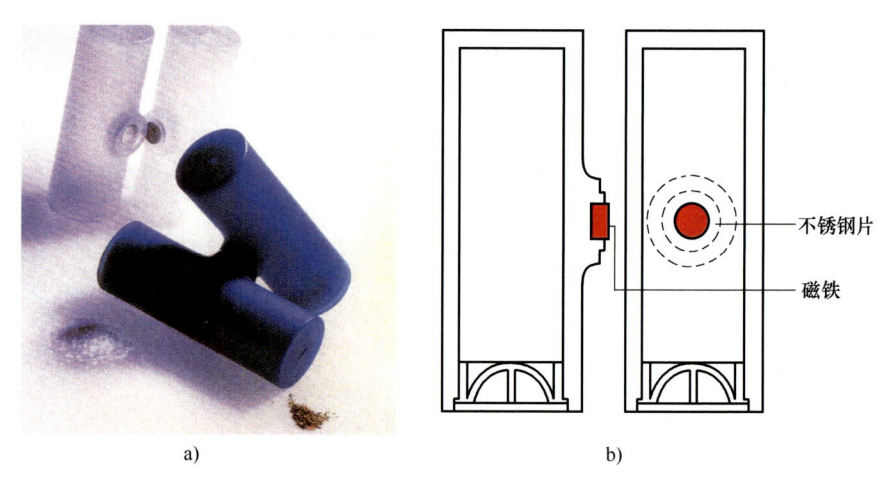

图3-32 "TOHOT"盐和胡椒摇罐

2. "Jerry"多功能灯

"Jerry"多功能灯（图3-33）是由 Luca Nichetto 和 Carlo Tinti 于2005年为 Casamania 公司设计的灯具，它的设计是为了满足多样化需求。设计师的设计理念是：为需要的地方立即带来光明。实际上，"Jerry"多功能灯可以作为台灯，也可以钩吊在其他物体上。这种灯用硅胶制成，不易损坏，有着柔软的触感，还具有优良的机械特性、低变应原性、持久性、抗高温和低温性，能抵抗化学物质和大气压力。它的材质没有毒性，可应用于各种场景。

图3-33 "Jerry"多功能灯

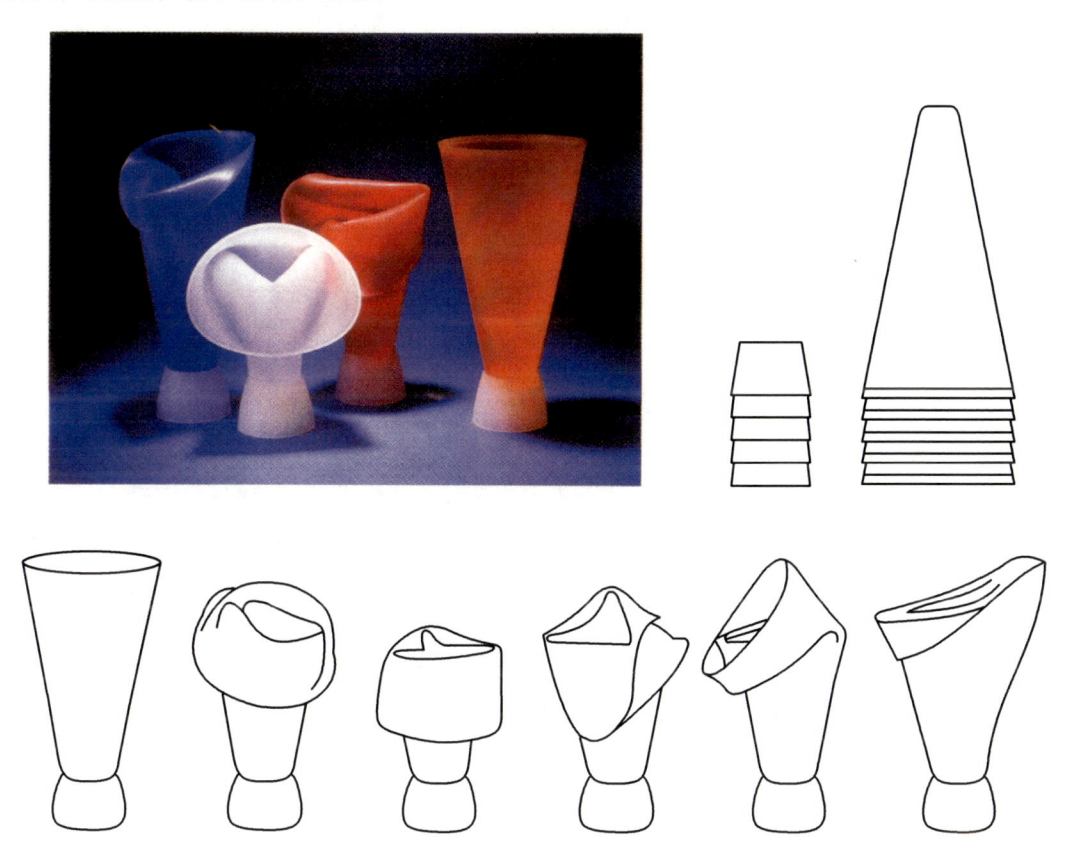

3. "Amazing" 花瓶

"Amazing" 花瓶（图 3-34）由荷兰设计师 Johan Bakermans 设计。该产品由两部分组成，瓶身和底座采用同一种热塑性材料（SEBS），采用注射成型法成型。该产品的特性在于：花瓶口柔软，可翻卷成各种形状；以往的花瓶瓶身不能变化，只能通过调整花束来适应花瓶，而该花瓶可通过调整瓶身形状来适应花束，适应了各种花束的需求；瓶身和底座两个部件都可叠放，便于包装和运输。

图 3-34 "Amazing" 花瓶

4. "翼"式台灯

"翼"式台灯（图 3-35）由意大利设计师 Riccardo Raco 设计。灯具材料采用一种名为 "Opalflex" 的有专利塑料材料制作。Opalflex 是一种玻璃质塑料板材，具有乳白玻璃的一些外观特点，具有特殊可弯曲性及延展性，易成型，不变色，具有良好的光漫射特殊性。灯具用一片 Opalflex 材料经切割后绕 2.5 圈成为展开的翼形灯罩，用三只铜螺钉将灯罩锁定在插线盒的底座下。

5. "HP" 台灯

"HP" 台灯（图 3-36）由著名设计师 Arne Jocabsen 于 1957 年为丹麦的哥本哈根 SAS 皇家旅馆量身设计。产品以一个不对称的形状和可倾斜的灯头为特色，它可以创造直射和有角度的照明环境。产品使用了不饱和聚酯树脂和优质的五金材质，有白色和黑色两种颜色供用户选择。其时尚简约的设计风格，尤其适合在酒吧、客厅、餐厅、卧室、办公室等空间内使用。

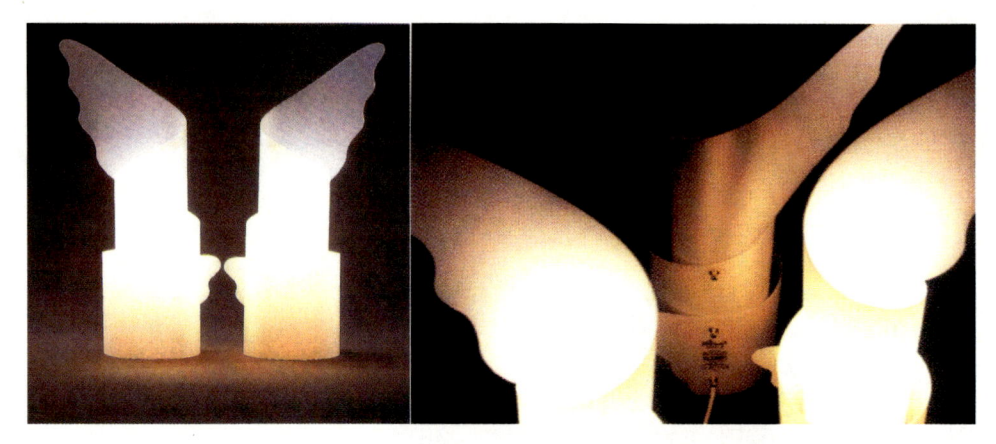

图 3-35 "翼"式台灯

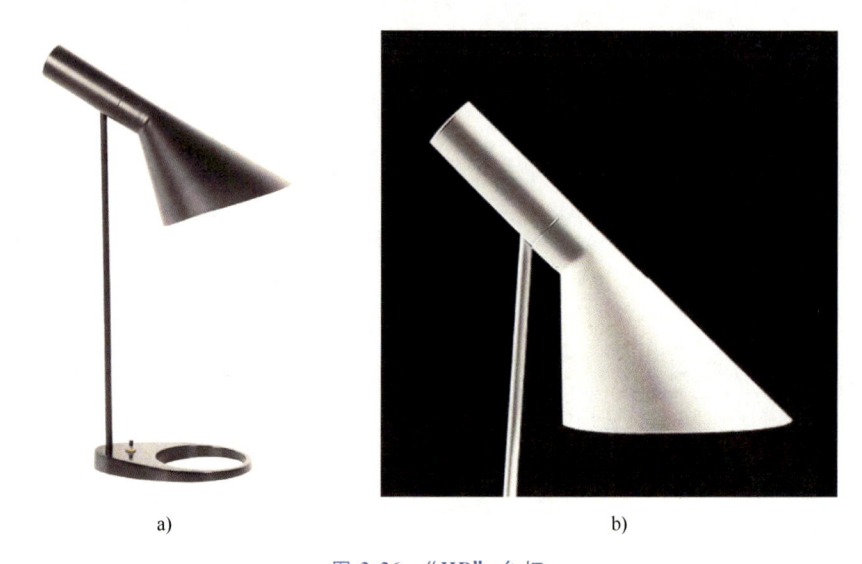

a)　　　　　　　　　　b)

图 3-36 "HP"台灯

3.6　思考与练习

1. 发现身边的塑料制品，列举自己喜欢的产品，对其进行材料与工艺分析。
2. 塑料按照使用特点分类，可分为哪两类？各有什么特点？
3. 请写出工程塑料的定义及其主要品种。
4. 热固性塑料和热塑性塑料的定义是什么？两者有何区别？其代表材料都有哪些？
5. 塑料的主要特性和用途是什么？
6. 请列举 ABS 的主要特点和用途。
7. 注射成型与挤出成型两种工艺的特点分别是什么？主要区别有哪些？
8. 塑料的主要成分有哪些？各成分所起的功能或性能作用分别是什么？

第 4 章

其他材料与加工工艺

4.1 陶瓷材料与加工工艺

陶瓷是将黏土一类的物料经过加工、成形及高温处理变成有用的多晶体材料。我国是世界著名的陶瓷大国，陶瓷是我国古代劳动人民的伟大发明，历经数千年发展，逐步发展至成熟，形式多样，巧夺天工。

传统陶瓷是陶器、炻器和瓷器的总称，是指以黏土为主和其他天然矿物原料（硅酸盐和氧化物材料）经过拣选、粉碎、混炼、成形、煅烧等工序而成的制品。现代陶瓷的概念则泛指所有无机非金属材料。

随着陶瓷材料的发展，其用途日益广泛，不仅可以用于建筑用材、生活器皿、装饰工艺品，还大量运用于不同的工艺结构和大型壁画、雕刻和室内外的景观。陶瓷独特的工艺效果与艺术魅力是其他材料无法比拟的，是一个既传统、又崭新的广阔艺术领域。

随着生产的发展与科技的进步，目前已经发展出了许多新型陶瓷品种，使得陶瓷从古老的工艺与艺术领域进入到现代科学技术的行列中。如氧化物陶瓷、压电陶瓷、金属陶瓷等特种陶瓷，其采用的材料扩大到化工原料和合成矿物，性质也延展到无机非金属材料的范畴中。

4.1.1 陶瓷的分类

陶瓷一般分为陶器、炻器、瓷器三大类。

陶器是指以黏土为胎，经过手捏、轮制、模塑等方法加工成形后，在高温下焙烧而成的物品，品种有灰陶、白陶、红陶、彩陶和黑陶等，如图4-1、图4-2所示。

炻器按其坯体的细密性、均匀性以及粗糙程度分为粗炻器和细炻器两大类，是介于陶器和瓷器之间的一种陶瓷制品，质地致密坚硬，与瓷器相似，多为棕色、黄褐色或灰蓝色。建筑装饰上用的外墙砖、地砖以及耐酸化工陶瓷、缸器属于粗炻器；日用炻器和陈设炻器则属于细炻器，驰名中外的宜兴紫砂壶即是一种不施釉的有色细炻器，如图4-3所示。

瓷器可以说是陶瓷器发展的较高阶段，其原料由瓷石、高岭土等组成，外表施有釉或彩绘。瓷器的特征在于其坯体已完全烧结、完全玻化，因此很致密，对液体和气体都无渗透性，胎薄处可呈半透明，断面呈贝壳纹理，如图4-4所示。

图 4-1 仰韶文化-彩陶瓶（陶器）

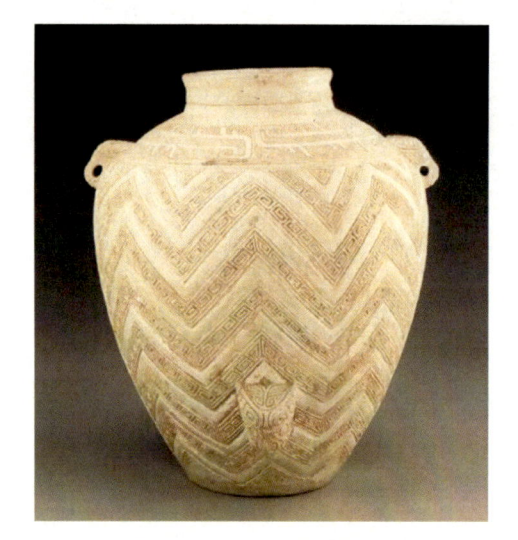

图 4-2 夏代-白陶罐（陶器）

陶瓷成型与表面处理

图 4-3 紫砂壶（炻器）

图 4-4 青花瓷（瓷器）

4.1.2 陶瓷材料及工艺性能

陶瓷制品的种类很多，随着用途不同，其性能要求也不一样。日用陶瓷强调白度与强度，电气陶瓷要求高绝缘性。化工陶瓷除了应有极高的耐蚀性、机械强度、抗冲击强度外，还要能够经受急冷急热的温度变化。

1. 光学性能

陶瓷的光学性能包括白度、透光度和光泽度。白度指陶瓷材料对白光的反射能力。透光度是指瓷器允许可见光透过的程度。常用透过瓷片的光强度与入射在瓷片上的光强度之比来表示。光泽度指陶瓷器表面对可见光的反射能力。

白度指陶瓷材料对白色光的反射能力。瓷器白度以硫酸钡为 100% 作标准。测定白度的白度仪是利用瓷片试样对白光反射的强弱进行测定。为提高瓷器白度，多从釉用原料入手。影响瓷器白度的因素主要是三氧化二铁等着色氧化物含量的高低。着色氧化物的含量与瓷器的白度成反比，着色氧化物的含量每增加 0.1%，瓷器的白度就会相应降低 2~3 度。图 4-5 所示为德化白瓷。

a)   b)

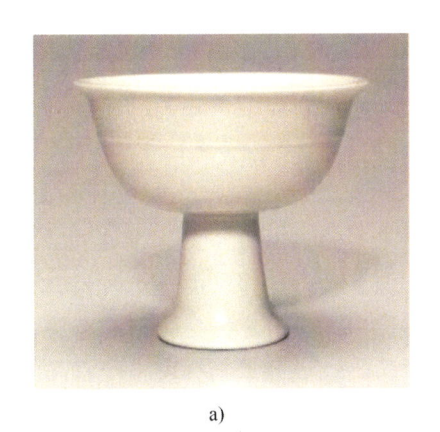

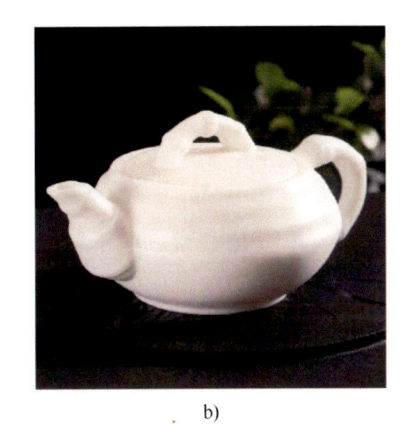

图 4-5　德化白瓷

透光度指陶瓷材料允许可见光透过的程度。影响透光度的因素很多，瓷釉内着色氧化物含量、胎体与釉层的厚薄、纯净程度，都与透光度有密切关系。陶瓷的用途十分广泛，在机械工业上可以用来制造车床上的高速切削刀具、汽轮机叶片、喷气发动机的零件等；在化学工业上可以用作高温耐蚀材料以代替不锈钢；在国防军事上，透明陶瓷又是一种很好的透明防弹材料，还可以做成导弹等飞行器头部的雷达天线罩和红外线整流罩；在电子工业上可以用来制造印制电路板；在日用生活中可以用来制作各种器皿、餐具等。图 4-6 所示为白瓷的透光度。

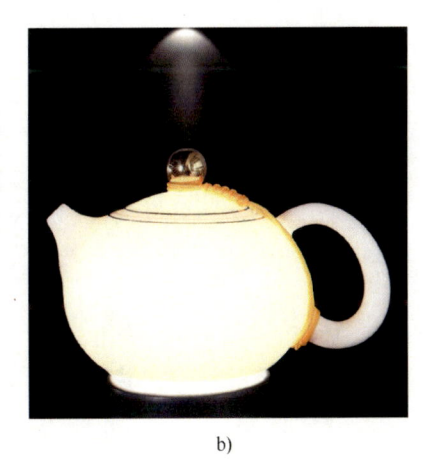

a)   b)

图 4-6　白瓷的透光度

光泽度是陶瓷材料表面对可见光的反射能力。光泽度越高，反光能力越强，那么其表面看起来就越像一面镜子，光可鉴人。陶瓷材料的种类很多，每一种陶瓷由于加工技术不同，其显现出来的光泽度也是不同的。

吸水率是指陶瓷吸水能力的大小。陶瓷按吸水率不同可分为五大类，即瓷器、陶器、炻瓷、细炻瓷、炻质瓷。吸水率大于 10% 的称为陶器，吸水率小于 0.5% 的称为瓷器，炻瓷、细炻瓷、炻质瓷的吸水率为 0.5%~10%。

陶器构造粗糙多孔，敲击的声响低调沉闷；而瓷器构造紧致细腻，外表光泽度好，有一定的透明度，敲击的声响清亮悦耳。陶器的硬度和强度不如瓷器。

2. 力学性能

陶瓷材料最突出的缺点是质脆，在外力的作用下不发生显著的塑性变形即产生破坏，抗压强度很高，但是受外力冲击容易发生脆裂，这使陶瓷材料的应用受到限制。由于陶瓷材料的硬度很高，有些陶瓷可以用作刀具材料。

3. 化学与物理特性

陶瓷材料耐高温，是电和热的不良导体，能承受外界温度急剧变化而不损坏；具有良好的耐酸能力，能耐有机酸和无机酸及盐的侵蚀，但是抵抗碱侵蚀的能力较弱。

气孔率是指陶瓷制品所含气孔的体积与制品体积的百分比，气孔率的高低和密度的大小是区分各种陶瓷的重要特征。吸水率反映陶瓷制品烧结后的致密程度，随着陶瓷制品的用途不同而异。

4.1.3 陶瓷的制造工艺

陶瓷以黏土为主要原料，经制备、成形、装饰、焙烧，经一次烧成或二次烧成（三次的也有）转变为陶器、炻器或瓷器。陶瓷生产流程比较复杂，主要步骤包括原料配制、坯料成形和窑炉烧结三个主要工序。

1. 原料配制

原料在一定程度上决定着陶瓷产品的质量和工艺流程、工艺条件的选择。陶瓷生产的最基本原料是石英、长石、黏土和其他一些化工原料。

从工艺的角度，陶瓷的原材料可以分为两类。

1）可塑性材料，主要指黏土类天然矿物，如高岭土、多水高岭土、膨润土等，它们在坯料中起到塑化和黏结的作用。如图4-7、图4-8所示的高岭土和瓷泥。

2）无可塑性原料，主要指石英属瘠性材料和熔剂原料。瘠性材料的作用是防止坯体高温变形，冷却后在瓷坯中起骨架的作用，防止坯体收缩时开裂变形。长石属于熔剂原料，能起到高温胶结作用，增加制品的密实性和强度。

图 4-7 高岭土 　　　　图 4-8 瓷泥

2. 成形工艺

陶瓷原料经加工得到的具有成形性能的多组分混合料称为坯料，将制备好的坯料制成具有一定形状和大小坯体的过程即为成形。

常用的陶瓷坯料成形方法有可塑成形、注浆成形、干压成形等。

（1）可塑成形　可塑成形是基于陶瓷坯料的可塑性，利用模具或刀具等运动所造成的压力、剪力、挤压等外力对坯料进行加工，迫使其在外力作用下发生塑性变形而制成坯体的成形方法。这种坯料含水率一般为18%~26%，有较高的屈服强度，成形时坯形足够稳定；同时也有较大延伸变形量，以保证成形时坯料不坼裂。按操作方法不同，可塑成形可分为旋压成形、滚压成形、拉坯成形、印坯成形、雕镶成形等，目前使用最广泛的是旋压成形和滚压成形两种。

1）旋压成形（图4-9）。旋压成形是日用陶瓷主要成形方法之一，主要利用旋转的石膏模与样板刀来成形，操作时，将经过真空炼泥的泥团放在石膏模中（石膏模的含水率为4%~14%），将石膏模放在轱辘机上，然后慢慢地放下样板刀，泥料受到样板刀的压力，就均匀地分布在石膏模内部表面，多出的泥料则贴在样板刀上。石膏模壁和样板刀转动所构成的空隙就被泥料填满而旋制成坯件。

2）滚压成形（图4-10）。滚压成形与旋压成形的不同之处是把扁平的样板刀改成回转型的滚压头。成形时盛放泥料的模型和滚压头分别绕自己的轴线以一定的速度同方向旋转。滚压头一面旋转一面逐渐靠近盛放泥料的模型，利用滚压头对泥坯进行"滚"和"压"成形。滚压成形工艺在成形时，泥坯是均匀展开的，受力由小到大，比较缓和、均匀，坯体的组织结构均匀。滚头与坯泥的接触面积较大，压力也较大，坯泥受压时间较长，坯体致密，强度也大。

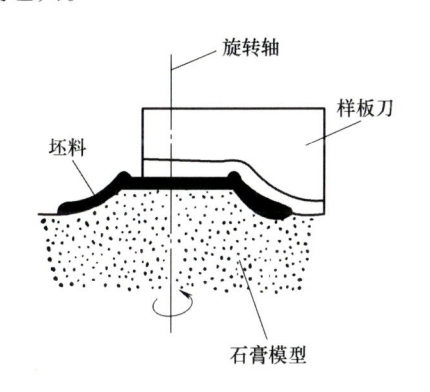

图4-9　旋压成形 　　　　图4-10　滚压成形

3）拉坯成形（图4-11）。拉坯成形也称为手工拉坯，是在转动的转台上完成的，要求坯泥既有"挺劲"，又能自由延展。

4）雕塑和印坯。雕塑和印坯基本上是靠手工完成的，其生产效率较低。

（2）注浆成形　注浆是陶瓷成形中基本的成形工艺，即将制备好的坯料泥浆注入多孔性模具内，由于多孔性模具的吸水性，泥浆在贴近模具壁的一层被模具吸水而形成一均匀的泥层。随着时间的增加，当泥层厚度达到所需尺寸时，可将多余泥浆倒出，留在模型内的泥层继续脱水、收缩，并与模型脱离，出模后即可得到制品生坯。

注浆成形后的坯体结构较均匀，但含水量大，干燥与烧成收缩量也较大。由于注浆成形的适应性强，所以广泛地应用于生产中。注浆工艺适用于各种陶瓷产品，凡是形状复杂、不规则、壁薄、体积较大（如卫生洁具）且尺寸要求不高的器物都可采用注浆成形。如日用瓷中的花瓶（特别是各种镂空通花瓶）、汤碗、茶壶、椭圆形盘、手柄等。

图 4-11 拉坯成形

注浆成形分为空心注浆（图 4-12）和实心注浆（图 4-13）。实心注浆就是将泥浆注入两石膏模面之间（模型与型芯）的空穴中，泥浆被两面吸水，水分不断被吸收后形成泥坯。

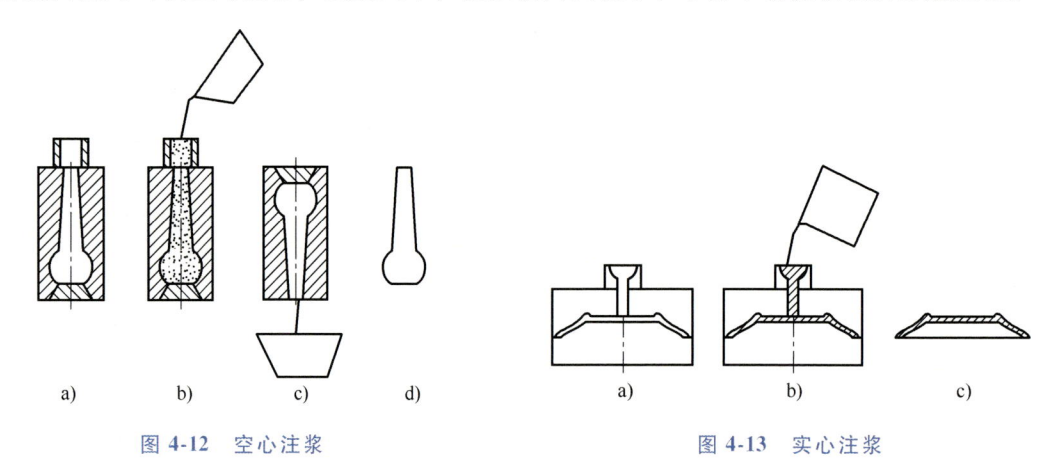

图 4-12 空心注浆

图 4-13 实心注浆

（3）干压成形　干压成形是利用压力，将干粉坯料在模型中压成致密坯体的一种成形方法。干压成形过程简单，产量大，缺陷少，并便于机械化，对成形形状简单的小型坯体有广泛的应用价值。由于干压成形的坯料水分少、压力大、坯体致密，因此可以获得收缩小、形状准确、易于干燥的生坯。

3. 陶瓷坯体干燥

排出坯体中水分的工艺过程称为干燥。干燥的目的在于使坯体获得一定的强度以适应运输、修坯、黏结、施釉等加工要求，避免在运输过程中产生变形和损坏或在烧成时因水分汽化而造成的坯体开裂。因此，成形后的坯件必须进行干燥处理。同时，干燥处理也能提高坯体吸附釉彩的能力。

陶瓷的干燥是陶瓷生产工艺中非常重要的工序之一，陶瓷产品的质量缺陷有很大部分是因干燥不当而引起的。按是否对干燥进行控制可分为自然干燥和人工干燥。由于人工干燥是人为控制干燥过程，所以又称为强制干燥。陶瓷坯体常用的干燥方法有对流干燥、电热干燥、高频干燥、微波干燥、红外干燥、真空干燥、综合干燥等。

4. 陶瓷装饰工艺

（1）陶瓷坯体装饰　陶瓷坯体装饰就是通过一定的工艺方法对陶瓷坯体进行加工，形成凹凸、虚实以及色彩变化的装饰。中国传统陶瓷运用的坯体装饰可分为四大类：堆贴加饰类、削刻剔减类、模具印纹类和其他工艺类型。堆贴加饰类是在坯体表面增加泥量，并通过堆、贴、塑等工艺方式达到装饰目的，包含雕塑黏结、堆贴、堆塑、立粉等装饰方法。削刻剔减类是通过对坯体表面的切削、刻画、镂空等减去坯体泥量的工艺手段，构成装饰纹样或装饰肌理。模具印纹类是利用坯体在柔软时的可塑性，用带花纹的拍子、印章、模子印出有凹凸质感的纹样。

（2）陶瓷釉彩装饰　陶瓷釉彩装饰包括上釉和彩绘。

1）上釉。釉是附着于陶瓷坯体表面的一种连续的玻璃质层，有些品类则是玻璃体与晶体的混合层。一般釉层厚度为 0.1~0.3mm，可通过加入金属氧化物改变釉色。

釉与玻璃的差别在于釉熔化时性质黏稠而不易流动，确保在烧成时保持原来的位置。但是某些艺术釉，如流动釉等，它们在烧成时反而具有较大流动性。

釉的主要作用包括增加坯体的强度；防止多孔性的坯体内装液体的渗漏；增加坯体表面的平滑度，易于清理；具有装饰性，可增加陶瓷的美观性；具有对酸碱的耐蚀性。

釉料的制备方法一般是使用土和岩石原样，经高温熔融后获得玻璃质成品。上釉的方法主要有拓釉法、吹釉法、浸釉法、荡釉法、轮釉法，如图 4-14 所示。

2）彩绘。彩绘分为釉下彩绘、釉上彩绘和釉上釉下混合彩绘。

① 釉下彩绘。釉下彩绘是先在半成品坯上彩绘图案之后，再施釉进入高温窑焙烧的工艺，烧成后的图案被一层透明的釉膜覆盖在下边，显得晶莹透亮，如图 4-15 所示。釉下彩绘所用彩料由颜料、胶结剂与描绘剂等组成。胶结剂是能使陶瓷颜料在高温烧成后能黏附在坯体上的材料，常用釉料、釉下溶剂或长石等。描绘剂是在彩绘时使陶瓷颜料能展开的材料，如茶汁、阿拉伯树胶、甘油与水、牛胶与水、糖汁与水、乳香油与松节油等。

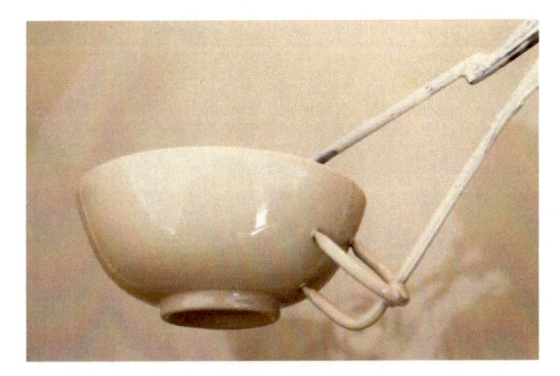

图 4-14　上釉

按使用温度不同，釉下彩料分为使用于 1250℃ 以下的彩料和使用于 1250℃ 以上的彩料两种。我国釉下彩料多数使用于还原焰 1300℃ 左右烧制的瓷器。这时常用的釉下颜料为红色的锰红与金红、黄色的锑锡黄与锌钛黄、绿色的青松绿与草绿、蓝色的海碧等。

② 釉上彩绘。釉上彩绘是在釉烧过的陶瓷釉上用低温颜料进行彩绘，然后在较低温度（660~900℃）下彩烧的装饰方法，如图 4-16 所示。釉上彩绘可以细分为青花类、色釉瓷类、彩瓷类三大系列。

图 4-15 釉下花瓶　　　　　　　　图 4-16 釉上彩瓷盘

釉上彩料通常由陶瓷颜料与助熔剂配成。釉上彩料可以使用目前大部分的陶瓷颜料。助熔剂是一种低熔点玻璃料。

我国釉上彩绘中的手工彩绘技术有古彩（历史上曾用过"五彩"名称）、粉彩与新彩三种。

古彩又名硬彩，烧成温度较高，古彩烧成后色图坚硬耐磨，色彩经久不变。但古彩釉料种类少，故色调和艺术表现上有一定的局限性。古彩的技艺特点是用不同的粗细线条来构成图案，且线条刚劲有力，用色较浓且有强烈的对比性。

粉彩是清朝宫廷在古彩工艺上创新的彩瓷。其特点是在填色前，将如花卉、植物、人物等要求凸起的部分涂上一层玻璃白，然后在白粉上渲染各种彩料使之显出深浅阴阳，从而具有立体浮雕感。粉彩用颜料的种类很多，除粉彩颜料外，还袭用古彩与新彩颜料。

新彩是人工合成的颜料，在技法上与中国画相仿。新彩的烧成温度较宽，配色可变性大，故色彩种类极为丰富，同时成本低，是一般日用陶瓷普遍采用的釉上彩绘方法。目前广泛采用的釉上贴花、刷花、喷花及堆金等可认为是新彩的发展。

③釉上釉下混合彩绘。釉上釉下混合彩绘是先烧成釉下彩（即在瓷胎上直接绘画图案，罩透明釉高温一次烧成，主要是青花），然后涂绘釉上彩，入炉低温二次烧成。青花矾红彩、斗彩、青花五彩都属于釉上釉下混合彩绘。

5. 窑炉烧结

烧结是对成形后经干燥的坯体进行高温处理的工艺过程。经成形、干燥和施釉后的半成品，必须再经高温焙烧，坯体在高温下发生一系列物理化学变化，使原来由矿物原料组成的生坯，达到完全致密程度的瓷化状态，成为具有一定性能的陶瓷制品。烧结常在陶瓷窑炉中进行，如图4-17所示。

根据烧结时是否有外界加压可以将烧结方法分为常压烧结和压力烧结；按烧结时是否加有气氛可以分为普通烧结和气氛烧结；按烧结时坯体内部的状态不同可以分为气相烧结、固相烧结、液相烧结、活化烧结和反应烧结。另外，一些特

图 4-17 陶瓷窑炉

殊方法如电火花法、溅射法、化学气相沉积法等也能实现陶瓷的致密化。

陶瓷制品在烧结后即硬化定型，具有很高的硬度，一般不易加工。对某些尺寸精度要求较高的制件，烧结后可进行研磨、电加工或激光加工。

陶瓷制品烧成后也会出现各类缺陷，如斑点、变形、开裂、起泡、波纹、色泽不良等，这与从原料到烧成的一系列工序中的各个环节都有关。所以，出现次品是陶瓷制品生产过程中避免不了的问题，但可以通过对缺陷问题进行研究和分析，对原料和工艺进行改良，尽量提高成品率和精品率。

4.1.4　陶瓷材料特点与设计应用

1. 传统陶瓷应用

（1）耐蚀性　与其他材料相比，陶瓷材料具有很强的耐蚀性，故广泛使用于卫生洁具和餐具，如图4-18、图4-19所示。

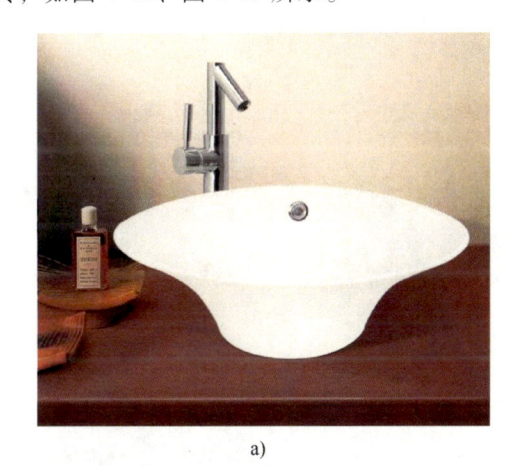

图 4-18　陶瓷洁具

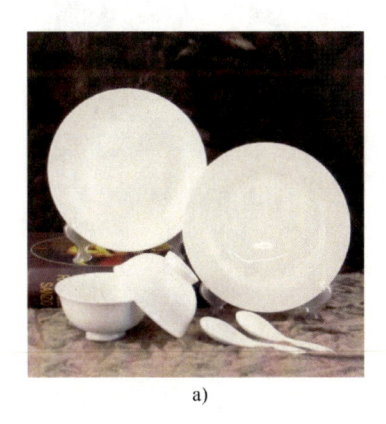

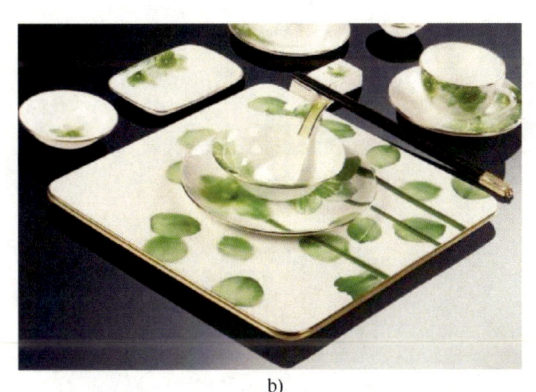

图 4-19　陶瓷餐具

（2）易清洁　陶瓷材料表面光滑，不易发生化学反应，具有易清洁的特点。

（3）透光性　透明陶瓷制造上的特点是采用高纯度、高细度的原料，透明陶瓷在电子、光学、高温装置、电光源、冶金等领域都有着广泛的设计应用，如图4-20所示。

(4) 怡人性　从古至今，人们对陶瓷都有着广泛的运用，陶瓷伴随着人们走过漫长岁月，与人们产生了紧密的联系，人们的生活离不开陶瓷，陶瓷被赋予了文化属性和艺术属性，具有怡人性，如图 4-21 所示。

(5) 绝缘性和防火性　陶瓷材料具有良好的绝缘性和防火性，常用于生产电子元件和耐高温制品，如图 4-22、图 4-23 所示。

(6) 高耐磨性　陶瓷材料质地坚硬，具有自润滑性，摩擦系数小，被广泛应用在耐磨产品的设计中，如陶瓷轴承、陶瓷刀等，如图 4-24 所示。

图 4-20　透明陶瓷

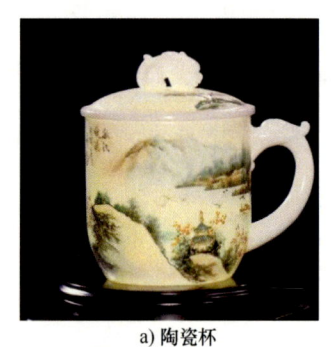

a) 陶瓷杯　　b) 陶瓷花瓶　　c) 陶瓷水壶

图 4-21　日常陶瓷用品

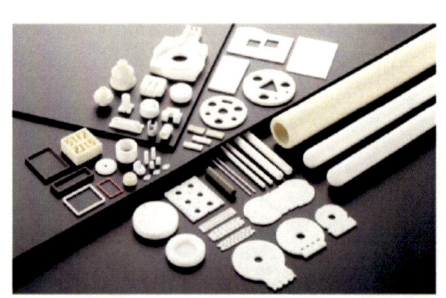

图 4-22　陶瓷电子元件 　　图 4-23　电陶炉

a) 陶瓷轴承　　b) 陶瓷刀

图 4-24　耐磨陶瓷制品

2. 现代陶瓷应用

现代陶瓷主要是特种陶瓷，其原料和生产工艺技术与普通陶瓷有较大的差异。特种陶瓷根据其性能及用途不同可分为结构材料用陶瓷和功能陶瓷。结构材料用陶瓷的特性包括耐磨损、高强度、耐热、耐热冲击、高硬度、高刚度、低热膨胀性和隔热等。功能陶瓷包括电磁功能陶瓷、光学功能陶瓷、生物陶瓷、核能陶瓷等。

高温陶瓷是一种重要的特种陶瓷，通常作为高温耐火材料的组成部分。高温陶瓷具有耐高温、高强度、高硬度特性，以及良好的电性能、热性能和化学稳定性。高温陶瓷常用于宇航、核能、电子、机械、化工、冶金等许多领域，是不可或缺的高温工程材料，如图4-25所示。

生物陶瓷是指具有特殊生理特征的一类陶瓷材料，这种材料可用来构成人体骨骼和牙齿（图4-26），甚至可部分或整体地修复或替换人体的某些组织、器官，或增进其功能。生物陶瓷的特点为：与生物肌体相容，对生物肌体组织无毒、无刺激、无过敏反应、无致畸性和无致癌性；具有一定的力学性能，具有足够的强度和刚度，不会发生灾难性的脆性破裂、疲劳破裂、蠕变和腐蚀破裂等，其弹性形变能够和被替换的组织相匹配；能和人体其他组织相互结合，有优良的组织亲和性。

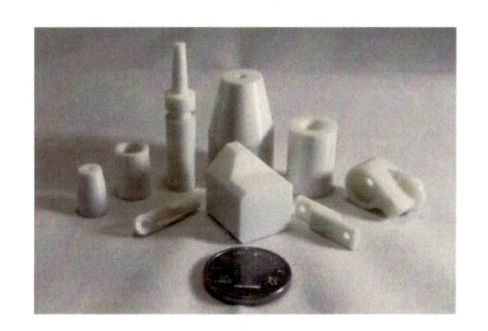

图4-25 高温陶瓷元件　　　　图4-26 陶瓷牙齿

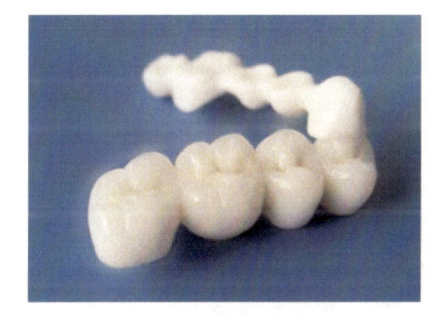

4.2 复合材料与加工工艺

4.2.1 复合材料概述

复合材料是指由两种或两种以上物理化学性质不同的物质以不同方式组合而成的材料，它可以发挥各种材料的优点，克服单一材料的缺陷，扩大材料的应用范围。由于复合材料具有重量轻、强度高、加工成形方便、弹性优良、耐蚀性和耐候性好等特点，已逐步取代木材及金属合金，广泛应用于航空航天、汽车、电子电气、建筑、健身器材等领域，在近几年更是得到了飞速发展。

复合材料主要可分为结构复合材料和功能复合材料两大类，还可按增强材料不同分为颗粒增强复合材料、层状复合材料和纤维增强复合材料。

4.2.2 常见的复合材料

常见复合材料的基体材料分为金属和非金属两大类。常用的金属基体有铝、镁、铜、钛及其合金。非金属基体主要有合成树脂、橡胶、陶瓷、石墨、碳等。增强材料主要有玻璃纤维、碳纤维、硼纤维、芳纶纤维、碳化硅纤维、石棉纤维、晶须、金属等。

1. 金属基复合材料

金属基复合材料是以金属为基体，以高强度的第二相为增强体而制得的复合材料。其力学方面的特点为横向及剪切强度较高，韧性及疲劳等综合力学性能较好，同时还具有导热、导电、耐磨、热膨胀系数小、阻尼性好、不吸湿、不老化和无污染等优点。金属基复合材料在航空中的应用如图4-27所示。

图 4-27　金属基复合材料在航空中的应用

（1）铝基复合材料　铝基复合材料是金属基复合材料中应用得最广的一种，具有密度小、塑性和韧性良好、易加工、工程可靠性高及价格低廉等优点，在工程上应用广泛。与纯铝相比，铝合金具有更好的综合性能。选择何种铝合金作为基体，则需要根据实际要求来决定。

（2）钛基复合材料　钛基复合材料是在钛或钛合金基体中加入高模量、高强度、高硬度以及良好高温性能的增强材料所得到的复合材料，它把基体材料的韧性、延展性与增强材料的高强度、高模量结合起来，从而使钛基复合材料具有比钛合金更高的比强度和比模量，极佳的抗疲劳和抗蠕变性能以及优异的耐高温性能和耐蚀性能。钛基复合材料中最常用的增强材料是硼纤维，原因是钛与硼的热膨胀系数比较接近。

2. 非金属基复合材料

传统的非金属材料与金属材料相比有许多独特的优势，如耐蚀、耐高温等，但缺点是质脆、不耐冲击，所以非金属材料的应用范围受到一定限制。而通过人工配比制得的非金属基复合材料具有耐高温、高强度、电学性能优良、光学性能优良的特点，有些甚至具有生物功能。

（1）碳基复合材料　碳基复合材料是以碳纤维（织物）或碳化硅等陶瓷纤维（织物）为增强体，以碳为基体的复合材料。基体碳起黏接作用，目前的基体碳材料有树脂碳、沥青碳和沉积碳，增强碳材料包括不同类型的碳（或石墨）纤维及其织物，在碳基复合材料中起着骨架和增强剂的作用。

碳基复合材料是目前公认的高速飞行器鼻锥、洲际导弹弹头和固体火箭发动机喷管等关键部位最理想的耐烧蚀、防热材料。碳纤维复合材料在山地自行车中的应用如图4-28所示。

（2）陶瓷基复合材料　陶瓷具有高硬度、高强度、耐高温和耐蚀等优秀性能，但缺点是脆性大，这限制了它的更广泛应用。陶瓷基复合材料主要是以高性能陶瓷为基体，通过加入颗粒、晶须、连续纤维和层状材料等增强体而形成的复合材料，既增强了韧性，又不降低强度，可以满足1200~1900℃高温范围内使用的要求。图4-29所示为使用陶瓷基复合材料制作的陶瓷制动盘。

图 4-28　碳纤维复合材料在山地自行车中的应用　　　　图 4-29　陶瓷制动盘

4.2.3　复合材料加工工艺

1. 金属基复合材料制备工艺

金属基复合材料由于加工温度高、制备工艺复杂、界面反应控制困难，在制备过程中要注意以下几点：

1）成形温度高，合金基体与增强体容易发生不利的化学反应。

2）合金基体与增强体的浸润性。绝大多数合金基体对增强体浸润性较差。

3）增强体在基体中的分布。需要对增强体进行表面处理，增加润湿性，或采用适当的加压工艺，提高增强体的分散性。

金属基复合材料的制备方法主要有固态法和液态法两种。

（1）固态法　固态法是基体材料处在固态下制造复合材料的方法。整个过程中，温度控制在基体合金的液相线与固态线之间，尽量避免基体与增强体之间的界面反应。固态法主要有热压扩散结合法和粉末冶金法。

1）热压扩散结合法。热压扩散结合法通常是将增强纤维与金属基体（金属箔）制成复合材料与制片，然后将复合材料或制片按设计要求切割成形，叠层排布后放入模具内，加压加热成形，冷却后脱模。扩散结合工艺中，增强纤维与基体的结合过程为：黏结表面之间发生接触，加热和加压使表面出现变形、移动、表面膜破坏，随时间的变化发生界面扩散、渗透，接触面形成黏结状态，直到扩散界面最终消失，黏结过程结束。温度、时间、压力、保温时间和气氛是热压扩散结合法的主要参数，该工艺也是早期金属基复合材料生产实践中最常用的。真空热压扩散结合法工艺流程如图 4-30 所示。

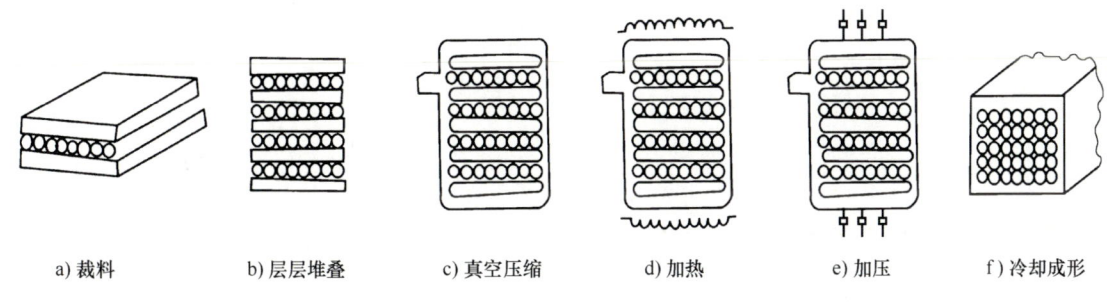

a）裁料　　b）层层堆叠　　c）真空压缩　　d）加热　　e）加压　　f）冷却成形

图 4-30　真空热压扩散结合法工艺流程

2)粉末冶金法。粉末冶金法是制备金属基复合材料中非连续纤维增强复合材料的主要工艺,广泛用于晶须或短纤维、颗粒增强的各种金属基复合材料,某些情况下也可用于连续纤维增强。具体步骤是:金属粉/合金粉与增强体均匀混合→复合坯料→固化成锭块(挤压、轧制、锻造等)→型材。固化工艺包括扩散、热等静压、粉末热挤压、烧结和反应烧结、注模成形等。粉末冶金法制备非连续增强相基复合材料流程图如图4-31所示。

(2)液态法 液态法也称为熔铸法,是目前制备颗粒、晶须和短纤维增强金属基复合材料的主要工艺方法。液态法的主要特点是金属基体在制备复合材料时处于液态,工艺及设备相对简便易行,制备成本较低,发展较快。液态法包括挤压铸造、真空吸铸、真空压力浸渍法、共喷沉积、半固态铸造成形等。

1)挤压铸造。挤压铸造又称为液态模锻,是一种既具有铸造特点,又类似模锻的新兴金属成形工艺。它是将一定量的被铸金属液直接浇注入涂有润滑剂的型腔中,并持续施加机械静压力,使已凝固的硬壳产生塑性变形,使金属在压力下结晶凝固并强制消除因凝固收缩形成的缩孔、缩松,以获得无铸造缺陷的液态模锻制件。该种工艺多用于制备高精度合金。

2)真空吸铸。真空吸铸是在铸型内形成一定的真空度(0.06~0.08MPa),金属液自下而上吸入型腔预制体空隙中并凝固,如图4-32所示。采用真空吸铸可提高复合材料的可铸性,满足航空航天产品复杂薄壁零件成形要求,并减少金属液流动充型过程形成的气孔夹杂缺陷。

3)真空压力浸渍法。真空压力浸渍法是在真空和惰性气体的共同作用下,使熔融金属液渗入预制件。它综合了真空吸铸和压力铸造的特点,经过不断的改进,发展成为能够控制熔体温度、预制件温度、冷却速率、压力等工艺参数的复合材料制备方法,可制造连续纤维、短纤维、晶须、颗粒以及混杂增强体的金属基复合材料,可应用于形状复杂、尺寸要求精确的产品。

4)共喷沉积。共喷沉积是将基体金属液在压力作用下通过喷嘴送入雾化器,在高速惰性气体射流的作用下,金属液分散为细小

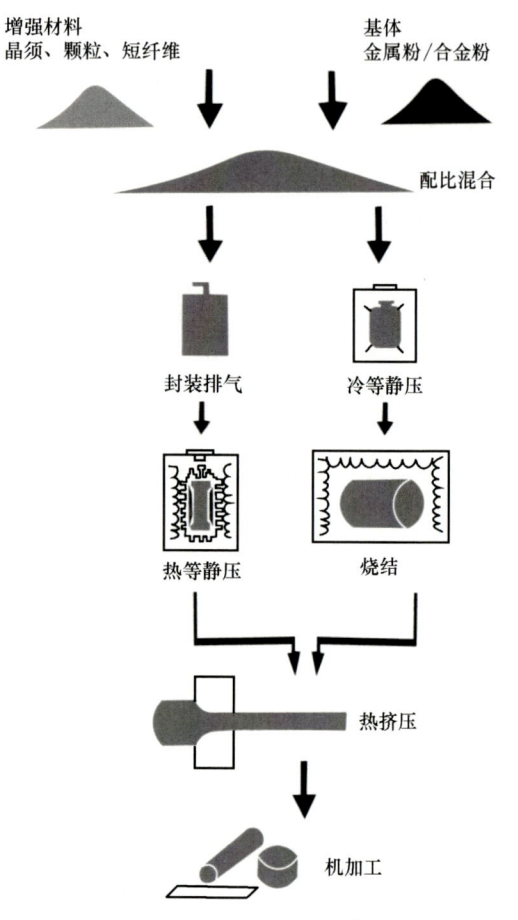

图4-31 粉末冶金法制备非连续增强相基复合材料流程图

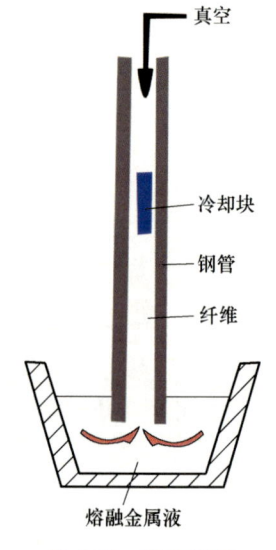

图4-32 真空吸铸

的液滴，形成"雾化锥"，然后一个或多个喷嘴向雾化锥喷射增强颗粒，使之与金属雾化液滴一齐在基板（收集器）上沉积，并快速凝固形成颗粒增强金属基复合材料。该工艺有高致密度、快速凝固、组织细化、成分均匀、很少或没有界面反应、具有通用性和产品多样性、工艺流程短、工序简单、效率高的优点，有利于工业化生产。

5）半固态铸造成形。将金属基体的温度控制在液相线与固相线之间，通过搅拌使部分树枝状结晶体破碎成固相颗粒，使金属基体仍保持一定的流动性。将颗粒加入处于半固态的金属基体中，通过搅拌使颗粒在金属基体中均匀分布，并取得良好的界面结合，然后浇注成形或将半固态复合材料注入模具中进行压铸成形。强烈搅拌会将气体或表面金属氧化物卷入金属基体中，所以这种工艺需要有惰性气体保护。

2. 聚合物基复合材料成形工艺

聚合物基复合材料成形工艺主要有手糊成形、模压成形、层压成形、缠绕成形、拉挤成形等。聚合物基复合材料在性能方面有许多独到之处，其成形工艺与其他复合材料成形工艺相比，具有如下特点：

1）材料制造与制品成形同时完成，一般情况下，复合材料生产过程就是制品的成形过程。

2）简单方便，因为树脂在固化前具有一定流动性，纤维很柔软，依靠模具很容易形成所需的形状和尺寸。

（1）手糊成形 手糊成形工艺又称接触成形，是树脂基复合材料生产中最早使用且应用最普遍的一种成形方法。手糊成形工艺以加有固化剂的树脂混合液为基体，以玻璃纤维及其织物为增强材料，在涂有脱模剂的模具上以手工铺放结合，使二者黏接在一起。基体树脂通常采用不饱和聚酯树脂或环氧树脂，增强材料通常采用无碱或中碱玻璃纤维及其织物。在手糊成形工艺中，机械设备使用较少，适合于多品种、小批量制品的生产，而且不受制品种类和形状的限制。手糊成形工作过程如图4-33所示，其原理如图4-34所示。

图4-33 手糊成形工作过程　　图4-34 手糊成形原理

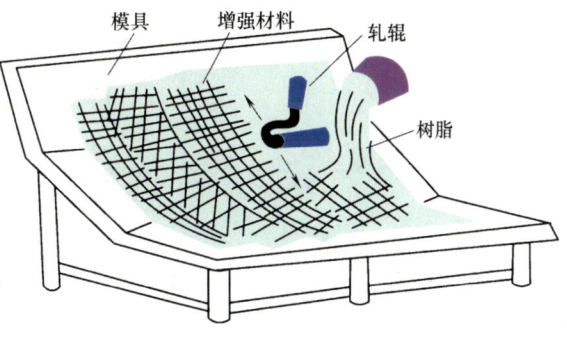

（2）模压成形 模压成形工艺是利用树脂固化反应中的各阶段特性来实现制品成形的，即模压料塑化、流动并充满模腔，树脂固化。在模压料充满模腔的流动过程中，不仅树脂流动，增强材料也要随之流动，所以模压成形工艺的成形压力较其他工艺方法高，属于高压成形。因此，它既需要能对压力进行控制的液压机，又需要高强度、高精度、耐高温的金属型。

（3）缠绕成形 缠绕成形工艺是将浸过树脂胶液的连续纤维（或布带、预浸纱）按照一定规律缠绕到芯模上，然后经固化、脱模，获得制品。根据纤维缠绕成形时树脂基体的物理化学状态不同,分为干法缠绕、湿法缠绕和半干法缠绕三种。

1)干法缠绕。干法缠绕是采用经过预浸胶处理的预浸纱或带,在缠绕机上经加热软化至黏流态后缠绕到芯模上。由于预浸纱(或带)是专业生产,能严格控制树脂含量(精确到2%以内)和预浸纱质量。因此,干法缠绕能够准确地控制产品质量。干法缠绕工艺的最大特点是生产效率高,缠绕速度可达100~200m/min,缠绕机清洁,劳动卫生条件好,产品质量高。其缺点是缠绕设备贵,需要增加预浸纱制造设备,故投资较大。此外,干法缠绕制品的层间剪切强度较低。

2)湿法缠绕。湿法缠绕是将纤维集束(纱式带)浸胶后,在张力控制下直接缠绕到芯模上。湿法缠绕的优点为:①成本比干法缠绕低40%;②产品气密性好,因为缠绕张力使多余的树脂胶液将气泡挤出,并填满空隙;③纤维排列平行度好;④湿法缠绕时,纤维上的树脂胶液可减少纤维磨损;⑤生产效率高(达200m/min)。湿法缠绕的缺点为:①树脂浪费量大,操作环境差;②含胶量及成品质量不易控制;③可供湿法缠绕的树脂品种较少。

3)半干法缠绕。半干法缠绕是纤维浸胶后,到缠绕至芯模的途中,增加一套烘干设备,将浸胶纱中的溶剂除去,与干法相比,省却了预浸胶工序和设备;与湿法相比,可使制品中的气泡含量降低。

三种缠绕方法中,以湿法缠绕应用最为普遍;干法缠绕仅用于高性能、高精度的尖端技术领域。

(4)拉挤成形 拉挤成形工艺是在牵引设备的牵引下,将连续纤维或其织物进行树脂浸润并通过成形模具加热使树脂固化,从而得到复合材料型材的工艺方法。拉挤成形技术的工艺流程可以分为三个步骤:浸润、成形、固化/冷却。相较于其他复合材料生产技术,拉挤成形的主要优点是原材料利用率高;可生产复杂结构型材;生产效率高;质量优良;灵活性高,拓展复制性强。拉挤成形原理如图4-35所示。

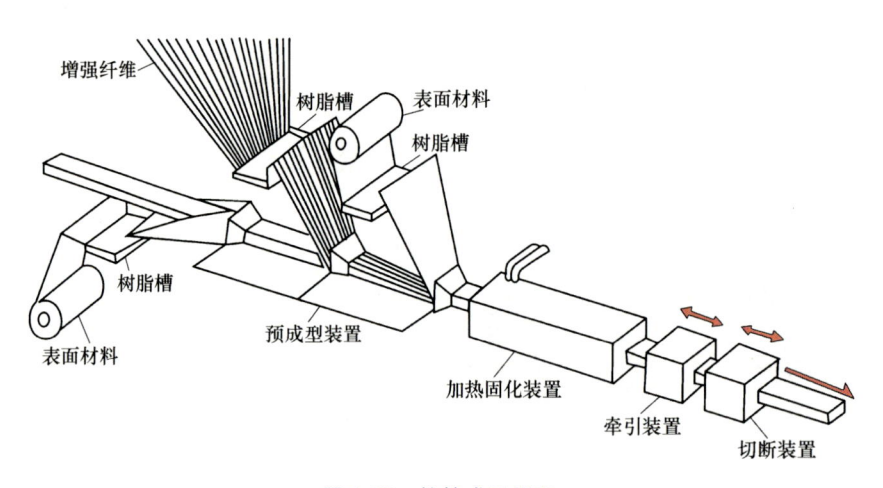

图4-35 拉挤成形原理

4.2.4 复合材料应用案例

1. 陶瓷刀

陶瓷刀大多是用一种纳米级的"氧化锆"材料加工而成。用氧化锆+氧化铝粉末用300t

的重压配上模具压制成刀坯，2000℃烧结，然后用金刚石打磨之后配上刀柄就做成了成品陶瓷刀，如图4-36所示。

陶瓷刀是采用高科技纳米技术制作的新型刀具，锋利度是钢刀的十倍以上，因此陶瓷刀具备了高硬度、高密度、耐高温、抗磁化、抗氧化等特点。陶瓷刀充分体现了新材料的绿色环保、高品质生活的概念。陶瓷刀的莫氏硬度为9，仅次于钻石（莫氏硬度为10），所以只要使用时不摔至地面、不用外力撞击、不进行剁砍操作，正常使用的情况下永远都不需要磨刀。基于安保方面的考虑，生产商一般都在刀身内混入金属粉，使金属探测器可以侦测出陶瓷刀。

图 4-36 陶瓷刀

2. 碳纤维医疗义肢

碳纤维复合材料具有较高的耐疲劳性、柔韧性和良好的生物相容性，比其他材料更适用于残疾患者的义肢制造。使用碳纤维复合材料设计制作义肢，具有强度高、重量轻的特点，功能更趋完善。用于接受腔的碳纤维复合材料能很好地承担起人体的重量，并能有效控制义肢，使残肢在腔内更加舒适自如，如图4-37所示。

目前世界上流行的20多种人造膝关节的外框均采用碳纤维复合材料制作，不仅强度有保证，而且减掉了很多重量，从而

图 4-37 碳纤维医疗义肢

使人造膝关节得以实现多种效能。义腿的主要功能是支承肢体，在运动中产生推力，同时可代偿小腿三头肌和屈肌的作用。储能脚由于采用高弹性、高强度的碳纤维复合材料，在储能效果上远高于传统储能脚，能使患者行走时较为省力。除此之外，人造踝关节以及人造足踝与小腿义肢之间的连接管也可以用碳纤维复合材料制作，同样能达到轻巧坚固的效果。

3. 战斗机

现代隐身战斗机机身大量使用钛合金等复合材料。新型复合材料质量轻、韧性高，对于提高现代隐身战斗机的机动性和其他性能指标至关重要。美国F22战斗机（图4-38）机身复合材料使用率达到了26%左右。为了提高机翼性能，其机翼复合材料使用率高达95%左右。大量复合材料的应用，在提高战斗机性能的同时，也使其造价高昂。

歼20（图4-39）战斗机作为一款性能先进的五代隐身战斗机，复合材料使用率达到了20%左右。歼20战斗机以及未来战斗机不断加大新材料使用率将是新趋势。歼20战斗机的出现，并不仅仅是中国战斗机的一个里程碑，更是中国整个基础工业、装备制造业、材料科学、电子科学等各个领域的重大突破。

图 4-38　F22 战斗机　　　　　　　　　图 4-39　歼 20 战斗机

4.3　3D 打印技术与材料

3D 打印（3D Printing）是快速成形技术的一种，又称为增材制造，它是一种以数字模型文件为基础，运用粉末状金属或塑料等可黏合材料，通过逐层打印的方式来构造物体的技术。3D 打印通常是采用数字技术材料打印机来实现的，常在模具制造、工业设计等领域被用于制造模型，后逐渐用于一些产品的直接制造，目前，使用这种技术打印而成的零部件已经进入实际应用阶段。

3D 打印技术在珠宝、鞋类、工业设计、建筑、工程和施工（AEC）、汽车、航空航天、医疗、教育等领域都有所应用。2020 年 5 月 5 日，长征五号 B 运载火箭上搭载了一台 3D 打印机，并成功进行了首次太空 3D 打印实验，也是国际上第一次在太空中开展连续纤维增强复合材料的 3D 打印实验（图 4-40）。

图 4-40　复合材料空间 3D 打印系统安装在试验船返回舱中

4.3.1　3D 打印技术原理

3D 打印技术根据所运用的材料特性和成形原理的不同，大致可以分为熔融沉积型、烧结型、黏接型和光固化型四大类。

快速成形技术

1. 熔融沉积制造（FDM）

熔融沉积制造（FDM）技术是由美国学者 Scott Crump 于 1988 年研制成功的一种增材制造技术。FDM 的材料一般是热塑性材料，如蜡、ABS、尼龙等，以丝状供料，其工作原理是材料在喷头内被加热熔化到临界状态，呈现半流体性质，在计算机控制下，喷头沿确定的二维几何轨迹运动，将半流动状态的材料挤压出来，材料迅速凝固，形成轮廓形状的薄层，并与周围的材料结合。FDM 打印机工作过程如图 4-41 所示，FDM 打印机工作原理如图 4-42 所示。

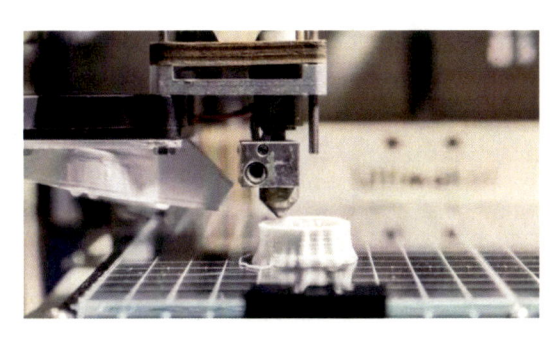

图 4-41 FDM 打印机工作过程

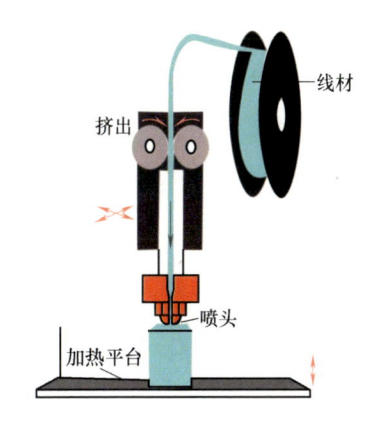

图 4-42 FDM 打印机工作原理

熔融沉积制造技术的优点是：

1）清洁无污染且易于使用，可在办公室环境下应用。多数院校、创意工作室在配置 3D 设备时，FDM 打印机都是首选，是设计人员表达构思、设计结构时的得力助手。许多中小学开设 3D 打印课使用的也是 FDM 打印机。

2）熔融沉积制造技术支持的生产级热塑性塑料具备机械稳定性和环境稳定性，可定制化生产复杂零件。奔驰汽车公司将 FDM 打印机用于工装夹具和量具的设计优化，而通用汽车公司已使用 3D 打印技术用于产品开发三十多年。采用 3D 打印技术制作的车轮保护夹具如图 4-43 所示。

图 4-43 车轮保护夹具

3）FDM 技术让曾经难以处理的复杂几何形状和空腔结构制造成为可能。例如配备了双喷头的 3D 打印机（图 4-44），可以将打印材料与水溶性 PVA 支承材料相结合，创建具有复杂几何形状的技术模型，然后将打印件放置在水中使支承材料溶解，其原理如图 4-45 所示，双喷头 3D 打印机打印出的复杂结构如图 4-46 所示。

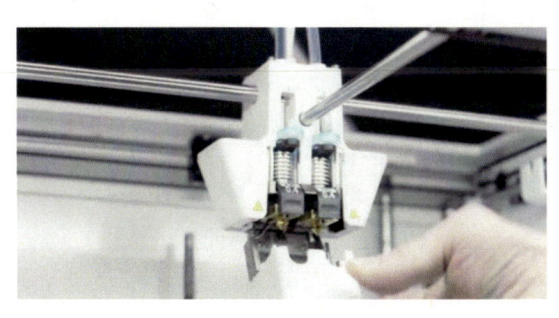

图 4-44 双喷头 3D 打印机

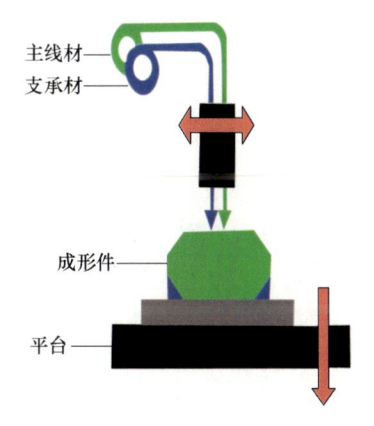

图 4-45 双喷头打印机工作原理

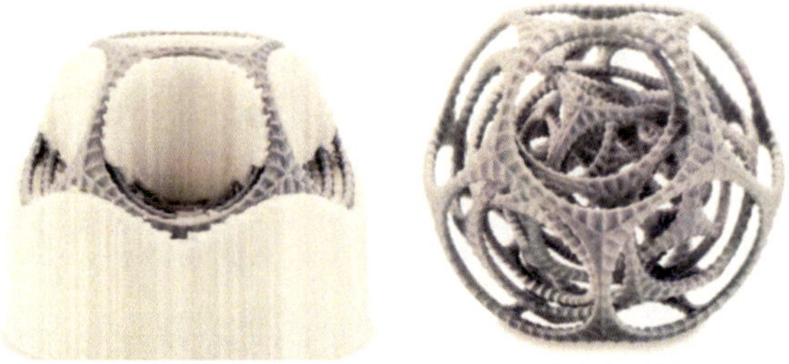

a) 建模完成　　　　　　　　b) 去除支承材料

图 4-46　双喷头 3D 打印机打印出的复杂结构

常见的熔融沉积制造技术设备除了桌面级 3D 打印机外，还有 3D 打印笔。3D 打印笔无需计算机或计算机软件支持，加热熔融 PLA、ABS 塑料后可以直接挤出，然后在空气中迅速冷却，最后固化成稳定的状态。3D 打印笔工作过程如图 4-47 所示。

另外，FDM 技术不仅可以打印塑料制品，还可以打印食物。3D 巧克力打印机目前是所有 3D 食物打印机中发展最为迅速的。3D 巧克力打印机通过三维设计或使用 3D 扫描仪获得 3D 模型，转化为平面信息后逐层打印，每层巧克力打印出来后，在室温下凝固，再进行下一层打印，堆叠成立体形状，如图 4-48 所示。

图 4-47　3D 打印笔工作过程 　　　　　　图 4-48　3D 巧克力打印机工作过程

2. 选择性激光烧结（SLS）

选择性激光烧结（SLS）是采用红外激光器作为能源，对粉末状材料进行烧结和固化。选择性激光烧结工艺原理图如图 4-49 所示。加工时，首先在工作台上用刮板或辊筒将一层粉末材料平铺在已成形零件的上表面，再将其加热至略低于其熔化温度，然后在计算机的控制下，激光束按照事先设定好的截面轮廓，在粉层上扫描，并使粉末材料的温度升至熔点，进行烧结并与下面已成形的部分实现黏结。当一层截面烧结完后，工作台下降一层厚度，刮板或辊筒又铺上一层均匀密实的粉末材料，进行新一层截面的烧结，如此反复，直至完成整个模型。在成形过程中，未经烧结的粉末对模型的空腔和悬臂部分起着支承作用，不必像立体平板印刷和熔融沉积工艺那样另行生成支承工艺结构。该方法最初是由美国德克萨斯大学奥斯汀分校的 C. R. Dechard 于 1989 年提出的，他后来组建了 DTM 公司，并于 1992 年开发了基于 SLS 的商业成形机，如图 4-50 所示。

选择性激光烧结快速成形系统由以下部分组成：

1）主机。包括机身与机壳、加热装置、成形工作缸、振镜式动态聚焦扫描系统、废料桶、送料工作缸、铺粉辊装置、激光器等。

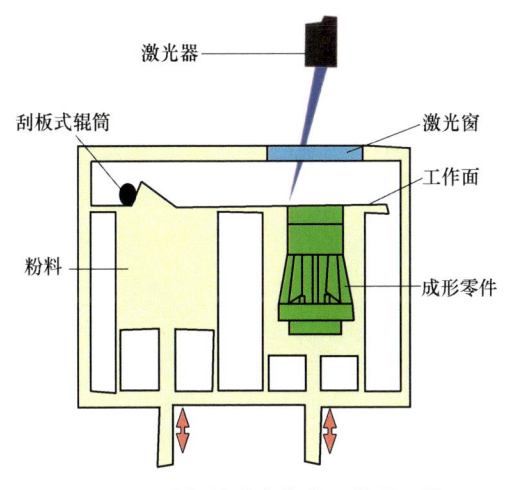

图 4-49 选择性激光烧结工艺原理图　　图 4-50 美国 DTM 公司的激光粉末烧结快速成形机

2）计算机控制系统。包括计算机、应用软件、传感检测单元和驱动单元。

3）冷却器。由可调恒温水冷却管路和外管路组成，用于冷却激光器，提高激光能量的稳定性。

选择性激光烧结中成熟的工艺材料为蜡粉及塑料粉，用金属粉或陶瓷粉进行烧结的工艺还在研究之中。该类成形方法有着制造工艺简单、柔性高、材料选择范围广、材料价格便宜、成本低、材料利用率高、成形速度快等特点。

高分子粉末材料激光烧结快速原型制造工艺过程同样分为前处理、粉层烧结叠加和后处理过程三个阶段。首先对成形空间进行预热。对于 PS 高分子材料，一般需要预热到 100℃左右。在预热阶段，根据原型结构的特点进行制作方位的确定，当方位确定后，将状态设置为加工状态，如图 4-51 所示。

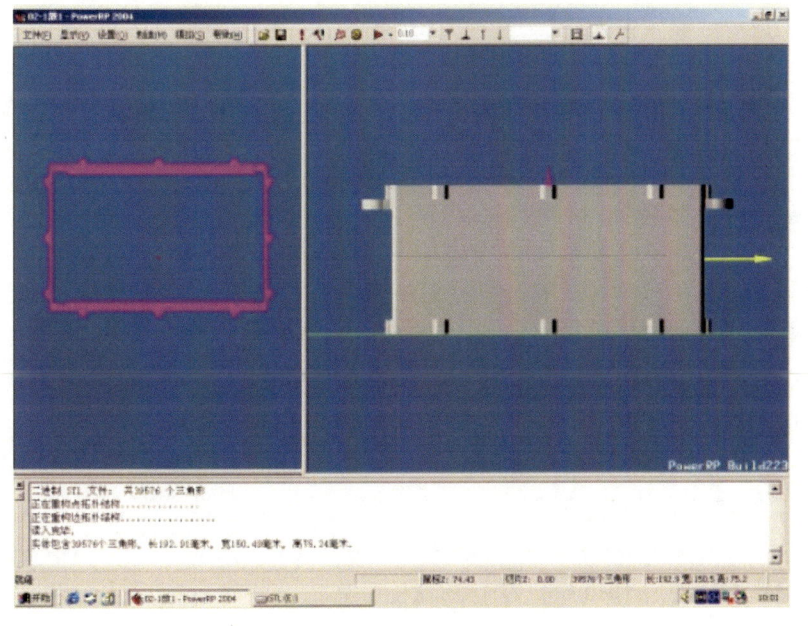

图 4-51 原型方位确定后的加工状态

设定建造工艺参数，如层厚、激光扫描速度和扫描方式、激光功率、烧结间距等。当成形区域的温度达到预定值时，便可以开始制作了。在制作过程中，为确保制件烧结质量，减少翘曲变形，应根据截面变化相应调整粉料预热的温度。所有叠层自动烧结叠加完毕后，需要将原型在成形缸中缓慢冷却至40℃以下，取出原型并进行后处理。激光烧结后的PS原型件强度很弱，需要根据使用要求进行渗蜡或渗树脂等进行补强处理。本案例中的原型用于熔模铸造，所以进行渗蜡处理。渗蜡后的铸件原型如图4-52所示。

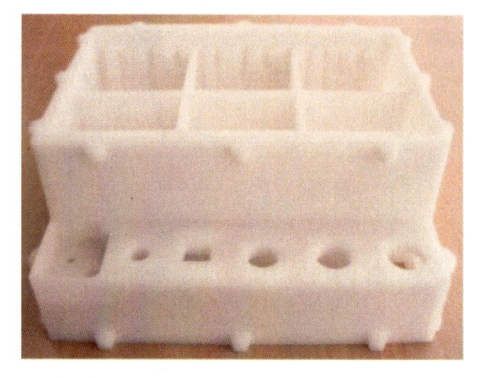

图4-52 某铸件经过渗蜡处理的SLS原型

金属零件间接烧结工艺使用的材料为混合有树脂材料的金属粉末材料，SLS工艺主要实现包裹在金属粉粒表面树脂材料的黏接。其工艺过程如图4-53所示，主要分三个阶段：①原型件（"绿件"）的制作；②粉末烧结件（"褐件"）的制作；③金属溶渗后处理。

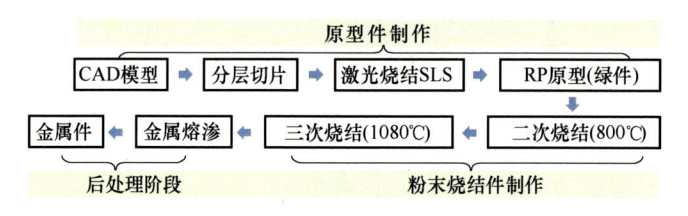

图4-53 基于SLS工艺的金属零件间接制造工艺过程

陶瓷粉末材料的选择性激光烧结工艺需要在粉末中加入黏结剂。目前常用的陶瓷粉末原料主要有Al_2O_3和SiC，而黏结剂有无机黏结剂、有机黏结剂和金属黏结剂三种。当材料是陶瓷粉末时，可以直接烧结铸造用的壳形来生产各类铸件，甚至是复杂的金属零件。陶瓷粉末烧结制件的精度由激光烧结时的精度和后续处理时的精度决定。在激光烧结过程中，粉末烧结收缩率、烧结时间、光强、扫描点间距和扫描线行间距对陶瓷制件坯体的精度有很大影响。另外，光斑的大小和粉末粒径直接影响陶瓷制件的精度和表面粗糙度。后续处理（焙烧）时产生的收缩和变形也会影响陶瓷制件的精度。

3. 选择性激光熔化成形（SLM）

选择性激光熔化成形（SLM）是利用金属粉末在激光束的热作用下快速熔化、快速凝固的一种技术，是金属材料增材制造的一种主要技术途径。选择性激光熔化成形工作原理如图4-54所示，该技术选用激光作为能量源，按照三维CAD切片模型中规划好的路径在金属粉末床层进行逐层扫描，被激光扫描过的金属粉末完全熔化、凝固从而达到冶金结合的效果，不需要黏结剂，最终获得设计的金属零件。SLM技术克服了传统技术制造复杂形状金属零件时的缺点，它能直接成形出近乎全致密且力学性能良好的金属零件，如图4-55所示。

目前用SLM技术的激光器主要有Nd-YAG激光器、CO_2激光器、光纤激光器。这些激光器产生的激光波长分别为1064nm、10640nm、1090nm。金属粉末对1064nm等较短波长激光的吸收率比较高，而对10640nm等较长波长激光的吸收率较低。因此在成形金属零件过程中，具有较短波长激光器的激光能量利用率高。

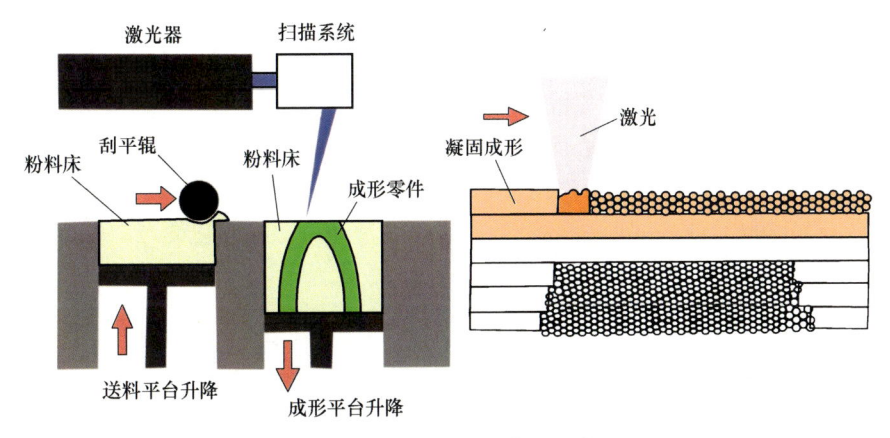

图 4-54 选择性激光熔化成形工作原理

图 4-55 采用 SLM 技术生产的复杂形状的金属球

4. 立体平板印刷（SLA）

立体平板印刷（SLA）的工作原理如图 4-56 所示，以光敏树脂为原料，利用计算机控制下的激光扫描每一层液态树脂，使其发生光聚合反应后固化，从而形成一个薄层截面，完成一层固化后再铺上一层液态树脂，再进行激光扫描、固化，且新固化的一层黏接在上一层之上，如此重复直到原型制造完毕。

立体平板印刷系统包含以下组成部件：

1）紫外激光器。立体平板印刷系统使用的激光器大多是紫外线式。用于造型的激光器常有两种类型，一种是氦-镉（HeCd）激光器，输出功率为 15～50MW，输出波长为 325nm，激光器寿命约为 2000h；另一种是氩（Ar）激光器，输出功率为 100～500MW，输出波长为 351～365nm。一般激光束的光斑尺寸为 0.05～300mm，激光位置

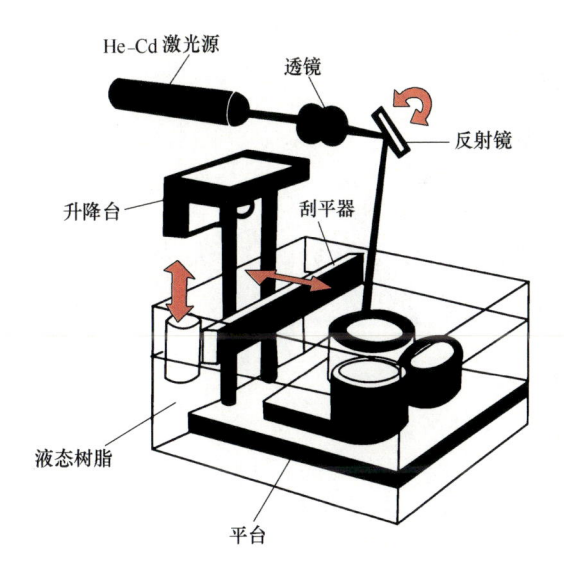

图 4-56 立体平板印刷（SLA）工作原理

精度可达 0.008mm，重复精度可达 0.13mm。

2）激光束扫描装置。数控的激光束扫描装置有两种形式：①电流计驱动式的扫描镜方式，最高扫描速度可达 5m/s，它适合于制造尺寸较小的高精度原型件；②X-Y 绘图仪方式，激光束在整个扫描过程中与树脂表面垂直，这种方式能获得高精度、大尺寸的样件。

3）树脂容器。盛装液态树脂的容器由不锈钢制成，其尺寸大小取决于立体印刷成形系统设计的最大尺寸原型或零件。液态树脂是能够被紫外线感光固化的光敏性聚合物。

4）升降工作台。由步进电动机控制，最小步距可达到 0.02mm 以下，在 225mm 的工作范围内位置精度为 0.05mm。

5）重涂层装置。

6）数控系统和控制软件。

立体平板印刷的详细工作过程是：计算机进行三维计算，设置打印件的位置与方向，生成支承材料信息数据并进行分层处理，将文件上传到 SLA 设备上进行打印，打印过程完成后，平台将自动上升到树脂液面以上。让平台停留 5~10min，滴下多余的树脂，如图 4-57 所示。

在去除多余树脂后将打印件移出平台，同时拆除支承件并彻底清洁干净打印件，如图 4-58 所示。

最后进行光固化处理。在大多数情况下，树脂在打印过程中并没有完全固化，需要通过第二次紫外线光照进行固化，如图 4-59 所示。

图 4-57 滴下多余树脂

图 4-58 支承件与打印件

图 4-59 紫外线固化打印件

立体平板印刷技术的优点是：

1）系统运行稳定，可实现全自动及无人看管。

2）良好的尺寸精度，整个制造过程尺寸精度在±0.1mm 内。

3）良好的表面粗糙度，虽然在侧壁曲面表面仍然可以看到阶梯状表面，但在顶盖可以保证平滑的表面。

4）分辨率高，能够制造复杂零件。

立体平板印刷技术的缺点是：

1）随着时间的推移，树脂会因为吸收水分而发生卷曲和翘曲，尤其是在相对较薄的部位。

2）成本相对较高。

3）材料范围窄，可用材料仅为光敏树脂，其物理性能在大多数情况下不能用于耐久性和热试验。

5. 数字光处理（DLP）

数字光处理（DLP）是把影像信号经过数字处理后光投影出来，是基于美国德州仪器公司开发的数字微镜元件——DMD来完成可视数字信息显示的技术。DLP3D打印技术的基本原理是数字光源以面光的形式在液态光敏树脂表面进行层层投影，层层固化成形。

如图4-60所示，DLP设备中包含一个可以容纳树脂的液槽，用于盛放可被特定波长的紫外线照射后固化的树脂，DLP成像系统置于液槽下方，其成像面正好位于液槽底部，通过能量及图形控制，每次可固化一定厚度及形状的薄层树脂（该层树脂与前面切分所得的截面外形完全相同）。液槽上方设置一个提拉机构，每次截面曝光完成后向上提拉一定高度（该高度与分层厚度一致），使得当前固化完成的固态树脂与液槽底面分离并黏接在提拉板或上一次成形的树脂层上，这样，通过逐层曝光并提升来生成三维实体。

DLP较其他类型的3D打印技术有其独特的优势：

1）没有移动光束，振动偏差小，没有活动喷头，完全没有材料阻塞问题。

2）没有加热部件，提高了电气安全性。

3）打印准备时间短，节省能源，首次耗材添加量远少于其他设备，节省用户成本。

4）相比市面上的其他3D打印设备，由于其投影像素块能够做到 $50\mu m$ 的尺寸，DLP设备能够打印细节精度要求更高的产品，如珠宝、齿科模具等。

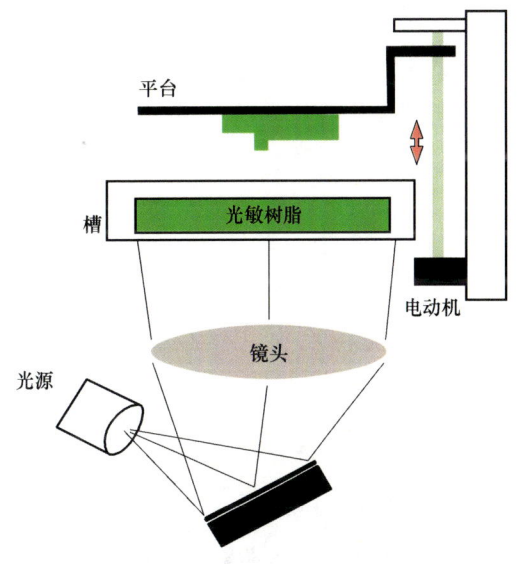

图4-60 DLP工作原理

5）设备的投影机构多为集成化，使得层面固化成形功能模块更为小巧，因此设备整理尺寸更为小巧。

6）固化速率高，3~6s可固化一层，面投影的特点也使其在加工同面积截面时更为高效。

相对其他大型3D打印机而言，DLP打印机无法打印大尺寸物件，因此大多是桌面级3D打印机（图4-61），较多应用于医疗、珠宝、教育等领域。

图4-61 桌面级DLP 3D打印机

4.3.2　3D打印技术应用案例

1. 机械结构

基于SLS原型由快速无模具铸造方法制作的产品如图4-62所示。采用SLS工艺快速制造内燃机进气管模型如图4-63所示。打印出的产品可以直接与相关零部件安装,进行功能验证,快速检测运行效果以评价设计的优劣,然后进行针对性的改进以达到产品的设计要求。

图4-62　基于SLS原型由快速无模具铸造方法制作的产品

图4-63　采用SLS工艺制作的内燃机进气管模型

2. 医学与生物工程领域

医学上由心脏器官CT数据提取出来右、左半部分心血管的三维结构,可运用SLS技术打印出心血管模型,用于医学研究,如图4-64所示。

PCL是一种生物可消溶聚合物,在骨与软骨修复方面具有潜在的应用价值。PCL支架可由多种快速成形技术制得,包括熔融沉积技术、光固化成形技术、精密挤压沉积等,而采用SLS技术制作能够方便实现具有多种内部结构与孔隙率的PCL支架,如图4-65所示。

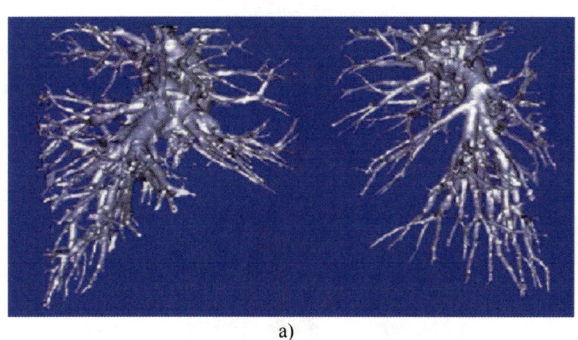

图4-64　右、左半部分心血管的三维结构及其3D打印模型

图4-65　采用SLS工艺制作的PCL支架

4.4　特种材料与特种加工工艺

随着社会经济、文化、科学技术的发展,新材料也在不停更迭、变化,而纵观科技进步的历史不难发现,新的技术需求会催生出适合它的新材料,新材料的应用又会促进技术的发展。在学习复合材料的时候我们已经了解到,目前的工业化进程使得材料的设计"客制

化",而特种材料更是把"客制化"的特点淋漓尽致地表现出来,特种材料既保留了组分材料的优点,又巧妙地规避了组分材料的缺点,从产品设计的角度出发,我们可以感受材料赋予设计的巨大空间。

特种材料作为高新技术的基础和先导,应用范围极其广泛,它同信息技术、生物技术一起成为21世纪最重要和最具发展潜力的领域。同传统材料一样,特种材料可以从结构组成、功能和应用领域等方面进行分类,不同的分类之间又相互交叉和嵌套,目前,一般按应用领域和当今研究热点把特种材料分为电子信息材料、新能源材料、纳米材料、先进复合材料、先进陶瓷材料、生态环境材料、新型高分子功能材料、高性能结构材料、智能材料、新型建筑及化工材料等。

4.4.1 电子信息材料

电子信息材料是特种材料中的重要组成部分,其发展极为迅速。近年来,在推动技术进步的进程中,计算机、通信等技术起到了重要作用,而电子信息材料则是这些领域的重要基础。从应用领域看,电子信息材料主要应用于传感器与成像设备、能源、显示、照明、通信、数据存储、计算机等领域,如图4-66所示。

1. 半导体材料

半导体材料是一类具有半导体性能(导电能力介于导体与绝缘体之间,电阻率在$1m\Omega \cdot cm \sim 1G\Omega \cdot cm$范围)、可用来制作半导体器件和集成电路的电子材料。其结构稳定,拥有卓越的电学特性,而且成本低廉,可用于制造现代电子设备中广泛使用的场效应晶体管。

制备不同的半导体器件对半导体材料有不同的形态要求,包括单晶的切片、磨片、抛光片、薄膜等,如图4-67所示。半导体材料的不同形态要求对应不同的加工工艺。常用的半导体材料制备工艺有提纯、单晶的制备和薄膜外延生长。

图4-66 电子信息材料的应用　　　　　图4-67 半导体晶圆

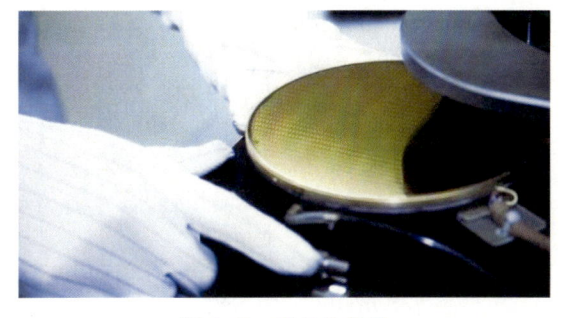

2. 介电材料

介电材料又称为电介质,可以通俗地理解为绝缘材料。电介质包括气态、液态和固态等范围广泛的物质,也包括真空。固态电介质包括晶态介电材料和非晶态介电材料两大类,后者包括玻璃、树脂和高分子聚合物等,是良好的绝缘材料。凡在外电场作用下产生宏观上不等于零的电偶极矩,因而形成宏观束缚电荷的现象称为电极化,能产生电极化现象的物质统称为介电材料。介电材料的电阻率一般都很高,称为绝缘体。有些介电材料的电阻率并不很高,不能称为绝缘体,但由于能发生极化过程,也归入介电材料。一些介电材料有着特殊效应,如压电效应、电致伸缩、驻极体、热电效应、电热效应、电光效应、铁电性、铁弹性等，这些介电材料在制造敏感器件方面有着广泛的应用前景。

3. 磁性材料

能对磁场做出某种方式反应的材料称为磁性材料。按照物质在外磁场中表现出来磁性的强弱，可将其分为抗磁性物质、顺磁性物质、铁磁性物质、反铁磁性物质和亚铁磁性物质。大多数材料是抗磁性或顺磁性的，它们对外磁场反应较弱。铁磁性物质和亚铁磁性物质是强磁性物质，通常说的磁性材料即指强磁性材料。对于磁性材料来说，磁化曲线和磁滞回线是反映其基本磁性能的特性曲线。铁磁性材料一般是 Fe、Co、Ni 元素及其合金，稀土元素及其合金，以及一些含 Mn 化合物。磁性材料按照其磁化的难易程度，一般分为软磁材料及硬磁材料。

永磁体在医疗器械上的应用范围很广，从大型的核磁共振成像仪（MRI）到小型的外科手术器械、磁按摩器、磁疗片等都会用到。稀土永磁体的出现，使 MRI 设备的磁体部分小型化、轻型化成为可能，所以永磁体在 MRI 上的应用是稀土永磁体最重要的应用领域之一，如图 4-68 所示。

在雷达、卫星通信、遥控遥测、电子跟踪和电子对抗等领域中使用稀土永磁体可使设备的性能更佳。应用稀土永磁体可使扬声器和耳机中的磁路（内磁式和外磁式）结构的尺寸和质量大大减小。家用空调机、冰箱、洗衣机、烘干机和吸尘器等也会用到稀土永磁体。计算机硬盘中的读写磁头的移动，是由 VCM（即音圈电动机）来驱动的，其磁体是稀土永磁体（钕铁硼永磁体），如图 4-69 所示。VCM 磁体性能高、加工精度高、产品一致性好、更新速度快。目前，磁体为 Sm-Co 永磁体的打印头寿命在 1 亿次以上。

图 4-68 大型核磁共振成像仪（MRI）　　　图 4-69 计算机硬盘的读写磁头

为了寻找宇宙中的反物质，以验证宇宙大爆炸理论，1998 年 6 月 3 日，美国发射了"发现号"航天飞机，将一台阿尔法磁谱仪（AMS）送入了太空。AMS 中最关键的永磁体由中国科学院承担研发任务，该永磁体是用包头稀土研究院提供的钕铁硼磁性材料制造的。它磁场强，漏磁非常小，磁二极矩几乎为零。这个永磁体直径 1.2m，长 0.8m，重 2t，磁场强度是地磁场的 2800 倍。

4.4.2 生态环境材料

生态环境材料是指那些具有良好的使用性能和优良的环境协调性的材料。良好的环境协调性是指资源、能源消耗少，环境污染小，再生循环利用率高。生态环境材料是人类主动考虑材料对生态环境的影响而开发的材料，是充分考虑人类、社会、自然三者相互关系的前提下提出的新概念，这一概念符合人与自然和谐发展的基本要求，是材料产业可持续发展的必由之路。生态环境材料是由日本学者山本良一教授于20世纪90年代初提出的一个概念，它代表了21世纪材料科学的一个新的发展方向。近年来，国际上关于生态环境材料的研究已不仅仅局限于理论上的研究，国际上一些知名公司相应制订了生态材料研究开发计划，ISO1400系列中生命周期评估LCA相关研究是最有影响的研究计划，体现了世界范围内对LCA的共识。生态建材方面，已开发出各种无毒、无污染的建筑涂料。生态资源材料、环境净化材料、环境降解材料等也都在大力研究开发中。在"碳达峰、碳中和"的背景下，生态环境材料是国内外材料科学与工程研究发展的必然趋势。

4.4.3 特种加工技术

特种加工也称为"非传统加工"或"现代加工方法"，泛指用电能、热能、光能、电化学能、化学能、声能及特殊机械能等能量达到去除或增加材料的加工方法，从而实现材料去除、变形、改变性能或被镀覆等。

特种加工中以采用电能为主的电火花加工和电解加工应用较广，泛称电加工。20世纪40年代发明的电火花加工开创了用软工具、不靠机械力来加工硬工件的方法。20世纪50年代以后先后出现电子束加工、等离子弧加工和激光加工。这些加工方法不用成形的工具，而是利用密度很高的能量束流进行加工。

特种加工不同于使用刀具、磨具等直接利用机械能切除多余材料的传统加工方法，直接利用电能、热能、声能、光能、化学能和电化学能，有时也结合机械能对工件进行加工。对于高硬度材料和复杂形状、精密微细的特殊零件，特种加工有很大的适用性和发展潜力，在模具、量具、刀具、仪器仪表、飞机、航天器和微电子元器件等的制造中得到越来越广泛的应用。特种加工的发展方向主要是提高加工精度和表面质量，提高生产率和自动化程度，发展几种方法联合使用的复合加工，发展纳米级的超精密加工等。特种加工是对传统加工工艺方法的重要补充与发展。

1. 电火花加工

电火花加工是一种利用电能和热能进行加工的新工艺，俗称放电加工。电火花加工的原理是基于工具和工件（正、负电极）之间脉冲性火花放电时的电腐蚀现象来蚀除多余的金属，以达到对工件的尺寸、形状及表面质量预定的加工要求，如图4-70所示。电火花加工与一般切削加工的区别在于，电火花加工时工具与工件并不接触，而是靠工具与工件间不断产生的脉冲性火花放电，利用放电时产生局部、瞬时的高温把金属材料逐步蚀除下来。由于在放电过程中有可见火花产生，故称电火花加工。

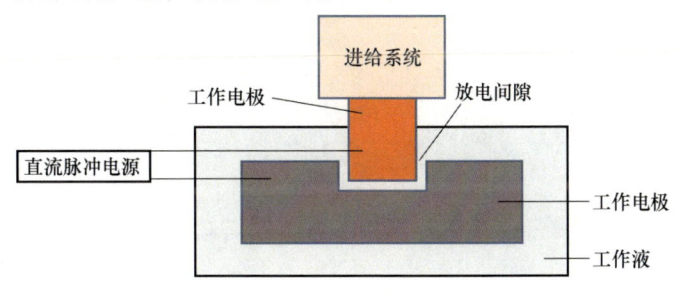

图 4-70 电火花加工工作原理

电火花加工不用机械能量,不靠切削力去除金属,而是直接利用电能和热能来去除金属。相对于机械切削加工而言,电火花加工具有以下一些优点:

1)适合于用传统机械加工方法难以加工的材料加工,表现出"以柔克刚"的特点。
2)可加工特殊及复杂形状的零件。
3)可实现加工过程自动化。
4)可以改进结构设计,改善结构的工艺性。
5)可以改变零件的工艺路线。

2. 电子束加工

电子束加工是利用高能量电子束的热效应或电离效应对材料进行加工,如图4-71所示。利用电子束的热效应可以对材料进行表面热处理、焊接、刻蚀、钻孔、熔炼,或直接使材料升华。作为加热工具,电子束的特点是功率高和功率密度大,能在瞬间把能量传给工件,电子束的参数和位置可以精确和迅速地调节,能用计算机控制并在无污染的真空中进行加工。根据电子束功率密度和电子束与材料作用时间的不同,可以完成各种不同的加工,其中常见的应用有电子束焊接、电子束钻孔、电子束熔炼。

图 4-71 电子束加工

3. 等离子弧加工

等离子弧加工是利用等离子弧的热能对金属或非金属进行切割、焊接和喷涂等的特种加工方法,如图4-72所示。产生等离子弧的原理是:让连续通气放电的电弧通过一个喷嘴孔,使其在孔道中产生机械压缩效应;同时,由于弧柱中心比其外围温度高、电离度高、导电性能好,电流自然趋向弧柱中心,产生热收缩效应,同时加上弧柱本身磁场的磁收缩效应。这3种效应对弧柱进行强烈压缩,在与弧柱内部膨胀压力保持平衡的条件下,使弧柱中心气体达到高度的电离,而构成电子、离子以及部分原子和分子的混合物,即等离子弧。

按电极的不同接法,等离子弧分为转移型弧、非转移型弧、联合型弧三种:

图 4-72 等离子弧加工

1)电极接负极、喷嘴接正极产生的等离子弧称为非转移型弧,用于焊接或切割较薄的材料。
2)电极接负极、焊件接正极产生的等离子弧称为转移型弧,用于焊接、堆焊或切割较厚的材料。
3)电极接负极、喷嘴和焊件同时接正极,则非转移弧和转移弧同时存在,称为联合型弧，适用于微弧等离子焊接和粉末材料的喷焊。

4. 激光加工

激光加工是利用激光的超高能量密度，靠光热效应来加工的。激光加工不需要工具、加工速度快、表面变形小，可加工各种材料。用激光束可对材料进行各种加工，如打孔、切割、划片、焊接、热处理等，如图 4-73 所示。激光加工技术主要有以下优点：

1) 生产效率高，质量可靠。

2) 可以通过透明介质对密闭容器内的工件进行无接触加工，对工件无直接冲击，因此无机械变形，在恶劣环境或人难以接近的地方，可用机器人进行激光加工。

3) 激光加工过程中无"刀具"磨损，无"切削力"作用于工件。

图 4-73 激光切割

4) 可以对多种金属、非金属加工，特别是可以加工高硬度、高脆性及高熔点的材料。

5) 激光束易于做各方向变换，极易与数控系统配合、对复杂工件进行加工，是一种极为灵活的加工方法。

6) 激光加工过程中，激光束能量密度高，加工速度快，并且是局部加工，对非激光照射部位没有影响或影响极小，工件热变形小，后续加工量小。

4.5 思考与练习

1. 简述陶瓷材料应用的优缺点。
2. 简述陶瓷产品生产的工艺制作程序。
3. 简述选择性激光烧结快速成形工艺的基本原理。
4. 太阳能的优点有哪些？
5. 请查询资料，并列举生态环境材料可应用于哪些领域。

第 5 章

色彩与质感设计

5.1 概 述

5.1.1 色彩

大自然的美,如蓝天、白云、青山、绿水、红太阳、黄柠檬等,是因为丰富多彩的色彩;人类创造的物质世界绚丽多姿,如金色的首饰、银色的餐具、黑色的电器、灰色的大楼、粉色的衣装、橙色的标志等,也是因为有了独特的质感和色彩的加持。

所有一切的美好,之所以能够被我们感知,是因为具备了以下几个必不可少的条件:

1)光与色。试想,在一片漆黑的夜里或暗室里,再美的颜色也会失去它的魅力。要感受一种颜色,首先要有光,即色是光的赐予。但光并不等于色,它只是能引起色彩感觉的客体。

2)正常的视觉。

3)客观物体。感受的对象必须存在。

具备了上述条件之后,无论物体形态千差万别、颜色纷繁绚烂,人们都可以尽收眼底。只有有了色彩(包括深浅、阴影)的差别,这个大千世界才真正地立体、丰富了起来。

物体的形态和色彩,两者相互联系,密不可分。物体颜色的形成依赖于它本身的形态、表面质感和光线的综合作用;同样,物体的形态也只有在色彩和质感的助力之下,才能够更加清晰真实地被感知。

这里所讲的色彩,单指能够被人眼所感知的可见光及其作用下的可视色彩。

5.1.2 质感

质感,顾名思义,以材料及其视觉、触觉层面的感觉为主。即不同的材质,带来不同的触觉感受和视觉体验。

材质美也是形式美的一个重要组成部分,主要通过材料本身的表面特征即色彩、机理、光泽、质地、形态等特点表现出来。

5.2 产品色彩设计

5.2.1 色彩的表现力

绘画史，也是人类认识色彩、利用色彩、表现色彩的历史。

色彩是情感的表达。原始图腾、壁画呈现的强烈、单纯的原始色感；古埃及和古希腊的各种颜色图案充满了装饰风格；中世纪教堂神秘的彩色玻璃；古罗马浑厚而温暖的颜色组合；中国的唐三彩、青花釉；阿拉伯宝石般闪亮、浓郁的色泽；日本审慎的中和性色调；非洲原始粗犷的色彩，都展现着无与伦比的色彩特征及民族文化特征。

色彩是一种力量。在光给予的彩色世界中，敏感的艺术家们早就在研究色彩的运用和表达了。在西方古典主义时期的艺术中，着色只局限于黑、白、灰三种，为了使画面生动一些，也会有节制地多使用几种彩色，有一种现实主义的严谨效果。达·芬奇反对强烈对比的着色方法，他用极细微的色调层次作画。伦勃朗是明暗对照法画家的典范，在他的作品中，色彩变成物质化的光能，具有令人振奋的力量。

印象派画家们对大自然的深入观察，使得他们在光与物体之间的色彩表现达到了一个全新阶段。尤其是莫奈，他不仅广泛地运用不混合的颜色，还在各个部分用短而小的笔触，一点点地画到画布上，以求再现"纹路与光的颤动"。后印象派画家则反对"客观主义"地描述自然，提倡艺术要抒发主观感情和自我感受，并以此改造客观物象，强调要描绘出客体的内部结构，表现出它的具体性和稳定性，重视形和构成形的线条及色块，使之富有体积感和装饰效果。后印象派的代表性画家有塞尚、梵高和高更。塞尚使色彩结构的发展达到逻辑的阶段，他的作品力求整个画面从形状上、节奏上融合一致。

以修拉为创始人的新印象派也称"点彩派"。他们把色域变成色点，认为调和的颜料会破坏色彩的力量。这些纯色点只有在观画者的眼里才会调和起来。

马蒂斯所代表的野兽派更强调个人的主观精神，其形象夸张，色彩鲜艳，色彩对比强烈，不用明暗法而多用平面化的大色块，追求浓厚的装饰性趣味，并主张绘画应发挥直觉作用，要达到像原始艺术和儿童画那样单纯而天真的地步。

如果说野兽派是"色彩"的解放，那么立体派就是"形体"的解放。画家毕加索、布拉克等将色彩用于明暗色调变化上。他们首先是对形体感兴趣，将客观物体的形状分解成抽象的几何体形状，用色调的浓淡层次取得浮雕似的效果。毕加索的《亚威农少女》揭示了一个原则：绘画不再是客观世界的奴隶，一幅画可以与人物、风景和静物无关而独立存在，它是线条、色彩和形状在画面上的抽象安排。

表现派与后印象派一脉相承，其创作目的是用形状和色彩的手段来表现内心和精神的体验；造型上追求强烈对比、扭曲和变化；色彩上常常用高彩度甚至不加调和的颜色，如佩克斯坦的《舞蹈》、施米特·罗特鲁夫的《月儿初升》等。

米罗作为超现实主义画派的代表，是一位把儿童艺术、原始艺术和民间艺术融为一体的大师。他喜爱怪诞的事物，每幅画都追求黑色、猛烈和有动势的对比，作品有《女诗人》《绘画》等。超现实主义画派有着某种神秘感和奇异的情调，而色彩的运用无疑是这种神秘、奇异感的精髓。

抽象派的康定斯基认为，绘画也应该像音乐一样不必执着于描绘具体物象，而是通过自己独特的形式元素——色彩、线、块面、形体和构图来传达各种情绪，影响人们的心灵，激发人们的想象。其代表作品有《蓝色天空》《几个圆圈》《即兴3》等。

风格派又称"新造型主义"，领袖是蒙德里安。风格派拒绝使用具象元素，主张艺术语言的抽象化与单纯性，提倡数学精神。《红、黄、蓝构图》是蒙德里安艺术思想最集中的表现，其特点是在平面上将横线和竖线加以结合，形成直角或正方形、长方形，并在其中安排面积不等的红、黄、蓝三原色，以求得力量的匀称和平衡。

西洋画给人总体的色彩印象是较为浓艳，厚重和丰富。而中国画有着独特的特征，传统的中国画，讲究"气韵生动"，不拘泥于物体外表的肖似，而多强调抒发作者的主观情趣。中国画讲求"以形写神"，追求一种"妙在似与不似之间"的感觉；讲究笔墨神韵，笔法要求平、圆、留、重、变，墨法要求墨分五色，焦、浓、重、淡、清；讲究"骨法用笔"，不讲究焦点透视，不强调环境对于物体的光色变化的影响；讲究空白的布置和物体的"气势"。可以说西洋画是"再现"的艺术，中国画是"表现"的艺术。中国画是要表现"气韵""境界"。

5.2.2 色彩的基本原理

1. 色彩的本质

唤起人们色感的关键在于光。光是产生色的原因，色是光被感染的结果。色与光如同母与子，密不可分。

自身能够发光的物体称为光源，光源可分为两种：一种是自然光源，如太阳光；另一种是人造光源，如电灯、气灯、地灯等。太阳光是学习色彩最主要的研究对象。

光在物理学上是一种电磁波。$0.39 \sim 0.77 \mu m$ 波长之间的电磁波，才能引起人们的色彩视觉感受，此范围称为可见光谱。波长为 $0.77 \sim 1000 \mu m$ 的称为红外线，波长为 $0.01 \sim 0.39 \mu m$ 的称为紫外线。

光是以波动的形式进行直线传播的，具有波长和振幅两个因素。不同波长的光产生不同的色相；振幅的强弱产生同一色相的明暗差别。

光在传播时有直射、反射、透射、漫射、折射等多种形式。光传入人眼，视觉感受到的是光源色。当光源直接照射物体时，光从物体表面反射到人眼，眼睛感受到的是物体表面色彩；当光照射时，如遇玻璃之类的透明物体，人眼看到是透过物体的穿透色。

2. 光谱色

17世纪，英国物理学家牛顿利用光的折射实验，确定了色与光的关系。他将一束白光（阳光）从细缝引入暗室，经过三棱镜，光就产生了折射。当折射的光碰到白的屏幕时，就显现出彩虹一样美丽的色带，称为光谱（图5-1）。光谱色以红、橙、黄、绿、青、蓝、紫的顺序排列。如果将这些光用聚光透镜加以聚合，就会重新变成白色光。

由此可见，太阳光是由一组色光混合而成，通过棱镜时，各种色光由于折射率不同而使太阳光发生分解。色光对同一物体的折射率与其波长有关，如红光波长最长，但折射率最小，呈直线传播；紫光则折射率最大。其他光源与太阳光相比，白炽灯的光包含有较多的黄橙光，荧光灯则包含较多的蓝光。由于它们所包含各波长的光在比例上有强弱，从而表现出各种各样的光源色。

图 5-1　三棱镜光谱实验

3. 色彩的产生

（1）物体色　我们了解了光的现象，但具体到某一物体色或颜料色又是怎样产生的呢？一个物体的色彩或颜料的色彩是由它的表面和光源光两个因素决定的。也就是说，从光源发出的光碰到不透明的物体或颜料，一部分被吸收，剩下的部分反射到人的眼睛中，这就是我们看到的色彩。例如，在太阳光照射下，白色表面几乎将全部光线反射出去，而黑色表面会几乎将全部光线吸收，故呈现出白、黑两色的不同物体。物体呈现蓝色，是因为其表面吸收了太阳光中除了蓝色以外的其他色光，而仅反射出了蓝光所致。

但是，当光源光由太阳光变为单色光时，情况就不同了。例如，在绿光照射下，同样是白色的表面，因为只有一种绿色光可以被反射，故该表面就会呈现绿色；而红色表面在绿光下由于没有红光可以反射，故呈现黑色（可在红色暗房中拿绿色物体做类似的实验）；黑色表面可将绿色光吸收掉，仍呈现黑色。因此，从这个意义上讲，物体的色彩只是相对存在的。

（2）固有色　为什么在人们的意识中会产生固有色的概念呢？从科学角度看，任何物体的表面都有一种选择吸收某种光线、反射某种光线的物理特征。比如树叶只反射绿光，只要有绿光照来，它就将绿光反射出，在红光下，因无绿光可反射才显现黑色。太阳光照射时，树叶将其中的绿光反射出来，经过漫长时间，人们形成了叶子是绿色的固有观念，色彩只有在这类相对条件下才不变，因而称为"固有色"。

由此可以表明，物体固有色的概念来源于物体固有的某种反光能力以及外界条件的相对稳定，例如人的皮肤色、头发色、颜料色、被油漆刷过的物体色等。

固有色是对现实色彩的概括和抽象。这一概念的广泛运用，是由于人们在表达事物的色彩特征时更愿意运用以往经验中的色彩印象，这种生活给予的经验色和印象色显得生动、亲切，很容易给人留下色彩的感性认识。即使对于色彩知识较少的非专业人员，也不至于出现大的误差。流行色的色彩名称，主要用的也是固有色的概念，如烟灰色、蟹壳灰、葵灰色、瓦灰色等，如此形象的语言描述极易引发共鸣与联想。

5.2.3 色彩的范畴

色彩大致可划分为无彩色与有彩色两大类。

1. 无彩色

黑、白、灰色属于无彩色,从物理学角度看,它们不包括在可见光谱中,故不能称为色彩。需要指出的是,在心理学上它们有着完整的色彩性质,在色彩体系中扮演着重要角色,在颜料中也有其重要的任务。当某种颜料混入白色后,会显得比较明亮;相反,混入黑色后就显得比较深暗;而加入黑与白混合的灰色时,将失去原色彩的彩度。因此,黑、白、灰色不但在心理学上,而且在物理学上、化学上都可称为无彩色。

2. 有彩色

光谱中的全部色都属于有彩色。有彩色是没有具体数量的,它以红、橙、黄、绿、蓝、紫为基本色。基本色之间不同量的混合,以及基本色与黑、白、灰色之间不同量的混合,会产生成千上万种有彩色。

无彩色是没有任何色相感觉的。一个略带红味的灰色则属于有彩色。

5.2.4 色彩三属性

色彩都具有三种属性,即色相、明度、纯度。它们是色彩中最重要的三个要素,也是最稳定的要素。这三种属性虽有相对独立的特点,但又相互关联、相互制约。

1. 色相(Hue)

色相指色彩的不同相貌,不同波长的光波给人特定的感觉是不同的,将这种感受赋予一个名称,有的叫红、有的叫橙……就像每个人都有自己的名字一样。色相是指色光由于波长、频率的不同而形成的特定色彩性质,也有人将其称为色阶、色纯、彩度、色别、色质、色调等,按照太阳光谱的次序把色相排列在一个圆环上,并使其首尾衔接,就称为色相环,再按照相等的色彩差别分为若干主要色相,这就是红、橙、黄、绿、青、蓝、紫等主要色相。

色彩学家在色相环中,往往尽量把色相距离均等分割,一般以一个封闭的环状循环,从而构成各个主要色相,进而求出各中间色,分别可做成 10 色、12 色、16 色、18 色、24 色色相环(图 5-2)。色相环均用纯色表示。

图 5-2 24 色色相环

2. 明度(Value)

明度指色彩的明暗程度,也可称为色彩的亮度、深浅。明度是指物体反射出来的光波数量的多少,即光波的强度,它决定了颜色的深浅程度。人们觉得亮度高的颜色其明度就高;相反,人们觉得亮度低(暗)的颜色其明度就低。

通常用从白到灰到黑的颜色划成若干明度不同的阶梯,作为比较其他各种颜色亮度地标准明度色阶。

由于有彩色中不同的色相在可见光谱上的位置不同，所以被眼睛知觉的程度也不同。黄色处于可见光谱的中心位置，眼睛的知觉度高，色彩的明度也高。紫色处于可见光谱的边缘，振幅虽宽，但波长短，知觉度低，故色彩的明度就低。橙、绿、红、蓝的明度居于黄、紫之间，这些色相依次排列，很自然地显现出明度的秩序。即便是同一个色相，也会有自己的明暗变化，如深绿、中绿、浅绿。

当某种有彩色加入白色时会提高其明度，加入黑色时会降低其明度；所混合出的色彩，可构成各色相的明度序列。

3. 纯度（Chroma）

纯度是指色彩波长的纯粹程度，也就是色彩的鲜艳度，也称为饱和度、彩度、色纯、色度、色阶。

单一频率的色光纯度最高。物体色越接近光谱中红、橙、黄、绿、蓝、紫系列中的某一色相，纯度越高；相反的，颜色纯度越低时，越接近黑、白、灰这些无彩色系列的颜色。若在一个高纯度的色彩中加入其他成分，则其纯度将变低。

有彩色的彩度划分方法为：选出一个彩度较高的色相，如大红，再找一个明度与之相等的中性灰色（灰色是由白与黑混合出来的），然后将大红与灰色直接混合，混合出从大红到灰色的纯度依次递减的彩度序列，得出高纯度色、中纯度色、低纯度色。

在所有色彩中，以红、橙、黄、绿、蓝、紫等基本色相的纯度最高。无彩色没有色相，故纯度为零。

除波长的单纯程度影响纯度之外，眼睛对不同波长的光辐射的敏感度也影响着色彩的纯度。视觉对红色光波的感觉最敏锐，因此红色纯度显得特别高。而绿色光波感觉相对迟钝，所以绿色相对纯度就低。这里要强调的是一个颜色的纯度高并不等于明度就高，即色相的纯度、明度并不成正比，这是由人眼彩色视觉的生理条件决定的。

5.2.5 三原色与色立体

人们在认识了色彩的基本规律之后，在日常的生产实践中就开始尝试使用，进而发现，不同颜色的光线叠加，可以变成另外颜色的光线；不同色相的颜料混合在一起，也会变成另外的颜色。并且，似乎有这样几种颜色，是最简单、最纯粹，并且无法通过其他颜色的组合获得的。于是，三原色的概念应运而生。

光线的颜色变化与颜料的颜色变化并不完全一致，三原色也根据这种区别，划分为光学三原色和颜料三原色两类，如图 5-3 所示。

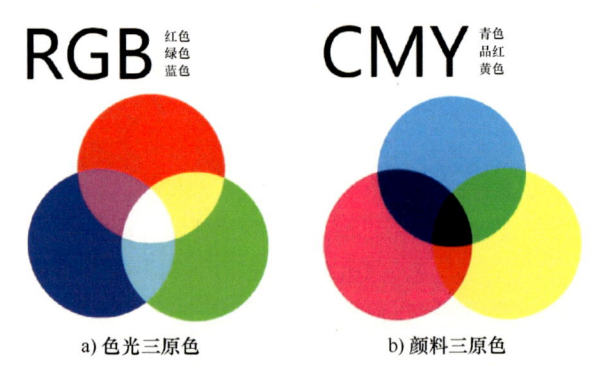

a) 色光三原色　　b) 颜料三原色

图 5-3　两种三原色

1. 光学三原色（RGB）

光学三原色分别是红色（Red）、绿色（Green）、蓝色（Blue）。光学三原色混合后，组成显示屏显示颜色，三原色同时相加为白色，白色属于无色系（黑白灰）中的一种。

设计人员常用的 Adobe Illustrator 图片设计软件，其默认使用的就是 RGB 的色彩模式。

因此，在这种模式下图片打印出来的结果，和我们在电脑屏幕上看到的效果可能是存在差异的，需要注意区别。

2. 颜料三原色

颜料三原色是品红、黄色、青色（是青色不是蓝色，蓝色是品红和青色混合的颜色）。颜料三原色可以混合出所有颜料的颜色，同时相加为黑色，黑白灰属于无色系。

设计人员常用的 Corel DRAW 软件，其默认使用的就是 CMYK 色彩模式。因此，在这种模式下，图片正常打印出来的结果，和我们在电脑屏幕上看到的效果是比较接近的。

注意，光学三原色的配色，适用加色法。例如，（红）+（绿）=（黄）；（蓝）+（绿）=（青）；（红）+（蓝）=（亮紫）；（绿）+（蓝）+（红）=（白）。

相反，颜料三原色的配色法，则适用减色法，例如，（青）+（品红）=（蓝）；（品红）+（黄）=（红）；（黄）+（青）=（绿）；（青）+（品红）+（黄）=（黑）。

3. 色立体

色立体是依据色彩的色相、明度、纯度变化关系，借助三维空间，用旋转直角坐标的方法，组成一个类似球体的立体模型。

色立体的结构类似于地球仪的形状，北极为白色，南极为黑色，连接南北两极贯穿中心的轴为明度标轴，北半球是明色系，南半球是深色系。色相环的位置在赤道线上，球面一点到中心轴的垂直线表示纯度系列标准，越接近中心，纯度越低，球中心为正灰。

色立体有多种，主要有美国蒙赛尔色立体、德国奥斯特瓦尔德色立体、日本色研色立体等，以下简要介绍蒙赛尔色立体（图5-4）。

蒙赛尔色立体是由美国教育家、色彩学家、美术家蒙赛尔创立的色彩表示法。这个色彩体系是由色相（Hue）、明度（Value）、纯度（Chroma）三属性构成的。

图5-4 蒙赛尔色立体

明度由黑到白中间排列九个不同等级的渐变灰色色阶组成，黑色在下，为0级，白色在上，为10级，构成纵轴。

彩度是以无彩色为0级，用渐增的等间隔色感来区分色，从无彩色开始依次排列，距离无彩色轴越远的色彩纯度越高。

环绕在明度轴周围的色彩以黄（Y）、红（R）、绿（G）、蓝（B）、紫（P）这5种色为基础色相，再把每一个色相展开成10个渐次变化的色相，共有100个不同色相，环成一个球状体，而每个色相的第5号，即5R、5Y等是色相代表。

蒙赛尔色立体的表示记号为：H·V/C，即色相·明度/纯度。

5.2.6 色彩与感觉

色彩的感觉主要包括轻重感、动静感、距离感、体量感、冷暖感。红色、橙色、黄色属于暖色，蓝色为冷色，绿色和紫色为中性色。

1. 色彩的冷暖感

色彩的冷暖倾向主要由色相差别决定。高明度色含光量多,显得膨胀、前进。

暖色、明色、纯色——膨胀色、前进色。

冷色、暗色、浊色——收缩色、后退色。

2. 色彩的轻重感

主要因素是明度:高明度——轻,低明度——重。

其次是纯度:高纯度——轻,低纯度——重。

再次是色相:暖色——轻,冷色——重。

3. 色彩的动静感

色彩的动静感指色彩引起兴奋或安静的反应所产生的感受,暖色和高纯度的色彩对观察者产生强烈的刺激,冷色和明度、纯度较低的色彩会使人产生静默的倾向。

4. 色彩的距离感

暖色、高明度色、高纯度色有拉近距离的感觉;冷色、低明度色有距离变远的感觉。

5. 色彩的软硬感

色彩的软硬感主要取决于明度和纯度。

软色——高明度低纯度。

中间——高明度高纯度,低明度低纯度。

硬色——低明度高纯度的色、黑、白。

6. 色彩的兴奋感与沉静感

色彩的兴奋感与沉静感和色相冷暖的关系最大,其次是纯度。

兴奋色——暖色,高纯度色。

沉静色——冷色,低纯度色。

7. 色彩的华丽感与朴素感

色彩的华丽感与朴素感取决于纯度和明度,明度高的色比明度低的色华丽。

鲜艳华美——高纯度;质朴柔和——低纯度。

8. 色彩的明快感与忧郁感

色彩的明快感与忧郁感取决于明度与纯度。

明快、活泼色——明亮鲜艳的色。

消沉、忧郁色——深沉灰浊的色。

女性对色彩的判断感受高于男性,针对女性的设计在选择色彩时需要谨慎。儿童与成人的颜色偏好如图5-5所示。汽车档次与颜色偏好如图5-6所示。

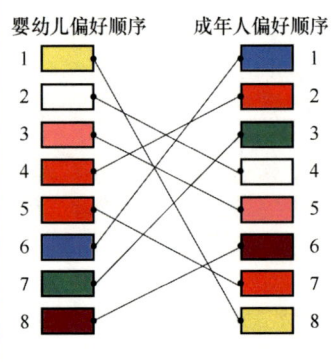

图5-5 儿童与成人的颜色偏好

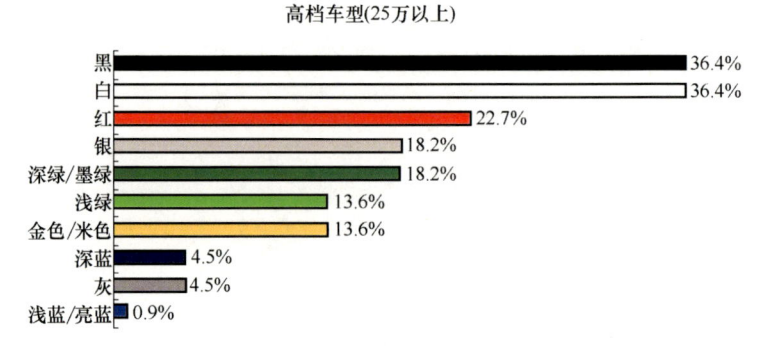

图5-6 汽车档次与颜色偏好

5.2.7 色彩与心理

在心理上把色彩分为红、黄、绿、蓝四种,并称为四原色。通常红与绿、黄与蓝称为心理补色。由于人们不会想象白色从这四个原色中混合出来,黑也不能从其他颜色混合出来。所以,红、黄、绿、蓝加上白和黑,称为心理颜色视觉上的六种基本感觉。尽管在物理上,黑是人眼不受光的情形,但在心理上,许多人却认为不受光只是没有感觉,而黑确实是一种感觉。

所以,要想充分地利用色彩传达感情,充分了解不同的色彩能给人们带来哪些不同的心理暗示,就显得非常重要。

下面介绍有彩色系中的红、橙、黄、绿、蓝、紫几个基本色相和无彩色系中黑、白、灰的色性。

1. 红色

在可见光谱中,红色的光波最长,折射角度小,但穿透力强,对视觉的影响力最大。红色的知觉度高,色相的稳定度强,不容易受环境的影响。

红色首先使人联想到太阳、火焰、血液、红花、红旗。从自然产生的景物到人工制造的各种东西,红色都使人感到兴奋、炎热、活泼、热情、健康,感到充实、饱满,有种挑战的意味。红色的个性强又端庄,具有号召性,象征着革命,表现为一种积极向上的情绪。

红色象征热情、性感、威望、自信,是一种能量充沛的色彩——全然的自我、全然的自信、全然地要别人注意。不过有时候会给人血腥、暴力、忌妒、控制的印象,容易造成心理压力,因此与人谈判或协商时不宜穿红色;预期有火爆场面时,也请避免穿红色。当你想要在大型场合中展现自信与威望的时候,可以让红色助你一臂之力。红色在汽车产品中的使用如图 5-7 所示。

图 5-7 红色在汽车产品中的使用

在搭配关系中,强烈的红色适合黑、白和不同深浅的灰;与适当比例的绿色组合则富有生气,充满浓郁的民族韵味;与蓝色配合则显得沉静、有秩序。

2. 橙色

橙色的波长在红色与黄色之间,它的明度仅次于黄色,强度仅次于红色,是色彩中最响亮、最温暖的颜色。橙色是火焰的主要颜色。

由于橙色与自然界中的许多果实色以及糕点、蛋黄、油炸食品的色泽相近似，所以橙色使人觉得饱满、成熟、富有很强的食欲感，在食品包装中被广泛应用。另外，橙色也是灯火、阳光、鲜花的色，因而又具有华丽、温暖愉快、幸福、辉煌等特征。

橙色还象征着"母爱"或大姐姐一样的热心特质，给人以亲切、坦率、开朗、健康的感觉；介于橙色和粉红色之间的粉橘色，则是浪漫中带着成熟的色彩，让人感到安适、放心，但若是搭配不好，便显得俗气。

橙色是从事社会服务工作时，特别是需要阳光般的温情时最适合的色彩之一。橙色的注目性也很强，常被用作建筑工地的安全物色、雨衣色等。

3. 黄色

黄色的波长适中，是中明度的色，给人以轻快、透明、充满希望的色彩印象。由于黄色是一种最为轻亮的颜色，因此可以在实际实用中通过黄色传递一种轻薄、冷淡的感觉；在实际的色彩调配中，黄色非常不稳定，稍一碰到其他颜色，就会失去本来的面貌。

花卉中的迎春、腊梅、玫瑰、郁金香、秋菊、油菜花、向日葵等，都呈现出娇嫩、芳香的黄色，果实中的柠檬、梨、甜瓜等，又使黄富有酸甜的食欲感。

黄色是明度极高的颜色，极易映入眼帘，能刺激大脑中与焦虑有关的区域，具有紧急和安全警告的效果，所以工程机械、警示标志、安全帽多采用黄色。艳黄色象征信心、聪明、希望；淡黄色显得天真、浪漫、娇嫩。但是，艳黄色有不稳定、招摇，甚至挑衅的味道，不适合在任何可能引起冲突的场合穿着。

4. 绿色

绿色的波长居中，是人眼最适应的色光。绿色的明度稍高于红，彩度比较低，属于中性色。绿色又是大自然的色彩。嫩绿、草绿象征着春天、成长、生命和希望；中绿、翠绿象征着盛夏、兴旺；孔雀绿华丽、清新；深绿柚色是森林的色彩，显得稳重；蓝绿给人以平静、冷淡的感觉；青苔色或橄榄绿显得比较深沉，使人满足。

绿色给人无限的安全感受，在人际关系的协调上可扮演重要的角色。绿色象征自由和平、新鲜舒适；黄绿色给人清新、有活力、快乐的感受；明度较低的草绿、墨绿、橄榄绿则给人沉稳、知性的印象。绿色的负面意义，暗示了隐藏、被动，不小心就会穿出没有创意、出世的感觉，在团体中容易失去参与感，所以在搭配上需要其他色彩来调和。绿色是参加环保活动、动物保护活动、休闲活动时很适合的颜色。

5. 蓝色

蓝色的波长较短，折射角度大。它是天空、海洋、湖泊、远山的颜色，有透明、清凉、冷漠、流动、深远和充满希望的感觉。蓝色与橙色的积极性形成了鲜明的对比，有着消极的、收缩的、内在的、理智的色彩感觉，是色彩中最冷的颜色。

蓝色是灵性、知性兼具的色彩，在色彩心理学的测试中发现几乎没有人对蓝色反感。明亮的天空蓝，象征希望、理想、独立；暗沉的蓝，意味着诚实、信赖与威望。正蓝、宝蓝在热情中带着坚定与智慧；淡蓝、粉蓝可以让人完全放松。蓝色在设计上是应用度最广的颜色之一；在穿着上，蓝色同样也是最没有禁忌的颜色，想要使心情平静时、需要思考时、与人谈判或协商时、想要对方听你讲话时均可穿蓝色。

6. 紫色

紫色光的波长最短，是色相中最暗的色。通过色盘可以看到紫色处于红色和蓝色的交汇处，而且中间有很多过渡色。紫色是二次色，它是由温暖的红色和冷静的蓝色化合而成，因此紫色的冷暖属性也不是一成不变的。例如，在洋红（紫红色）、玫瑰红和栗色方向是暖色调；在紫罗兰色（蓝紫色）方向则是冷色调的。从画家的观点来说，紫色是极佳的刺激色，也是最难调配的一种颜色，有无数种明暗和色调可以选择，冷一些、暖一些，似乎从来没有人找到一种"合适的紫色"。

紫色还能营造一种神秘感。紫色是优雅、浪漫，并且具有哲学家气质的颜色，同时也散发着忧郁的气息。紫色的光波最短，在自然界中较少见到，所以被引申为象征高贵的色彩。淡紫色的浪漫，不同于粉红小女孩式的，而是像隔着一层薄纱，带有高贵、神秘、高不可攀的感觉；而深紫色、艳紫色则是魅力十足、有点狂野又难以探测的华丽浪漫。若时、地、人不对，穿着紫色可能会造成高傲、矫揉造作、轻佻的错觉。当你想要与众不同，或想要表现浪漫中带着神秘感的时候可以穿紫色服饰。可以说，紫色是女性专属色彩的代表。

7. 白色

白色是全部可见光均匀混合而成的，称为全色光。白色是阳光的色，给我们以光明；它又是冰雪、霜、云彩的色，使人觉得寒凉、单薄、轻盈。

白色完全反射光线，在反射的同时，它把色光传导中的大量热能也反射掉了，使身体感觉相对的凉爽，这也是夏天为什么要穿上白色衣服或浅色衣服的缘故。

白色在心理上能造成明亮、干净、纯洁、清白、扩张感。因此，白色象征纯洁、神圣、善良、信任与开放。在我国传统习俗中，白色被当作哀悼的颜色，白色的孝服、白花、白挽联，以白表示对死者的尊重、缅怀；在西方国家，白色则是新娘新婚礼服的色彩，象征着爱情的纯洁与坚贞。

由于白色的性情内在、高雅、明快，与各种颜色都易配合，所以，在实际应用中它是非常重要的。但身上白色面积太大，会给人疏离、梦幻的感觉。当你需要赢得做事干净利落的信任感时可穿白色上衣，如基本款的白衬衫。

8. 黑色

黑色完全不反射光线，因此在心理上容易让人产生联想从而不再单调。黑色显得含蓄，象征威望、高雅、低调、创意；也意味着执着、冷漠、防御。黑色为大多数主管或白领专业人士所喜爱，当需要极度威望、表现专业、展现品味、不想引人注目或想专心处理事情时，例如高级主管的日常穿着、主持演示文稿、在公开场合演讲、写企划案、创作、从事跟"美""设计"等相关的工作时，穿黑色服饰是一种不错的选择，如图5-8所示。

9. 灰色

灰色居于白色与黑色之间、乏味、朴素，是一种彻底的中立色彩。使用灰色很难会犯太严重的错误，灰色可以和任何色彩搭配。由于中立性，灰色常常被用作背景颜色。

浅灰色与白色相接近，深灰色与黑色接近，灰色能起到调和各种色相的作用。漂亮的灰色有时也能给

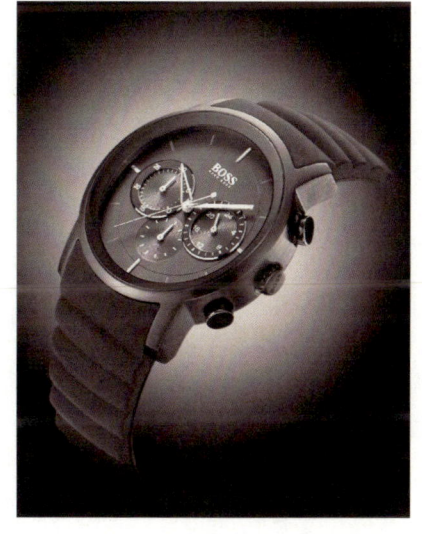

图 5-8 黑色的手表

人以高雅、具有较高文化艺术素养的感觉。

灰色象征诚恳、沉稳、考究。其中的铁灰、炭灰、暗灰，在无形中散发出智慧、成功、强烈威望等信息；中灰与淡灰色则带有哲学家的沉静。当灰色服饰质感不佳时，整个人看起来会黯淡无光、没精神，甚至造成邋遢、不干净的错觉。灰色在威望中带着精确，特别受金融业人士喜爱；当需要表现智慧、成功、威望、诚恳、认真、沉稳等场合时，可穿着灰色服饰现身。

黑色、白色、灰色虽无色相，但它们在色调组合中是不可缺少的，在配色中有着极其重要的意义，永不会被流行淘汰。

5.2.8 产品色彩设计

1. 色彩在产品设计中的作用

合理利用色彩，可以在产品设计中起到事半功倍的效果。通常，设计师们在设计产品时会从以下方面对于色彩加以应用：

1）通过色彩对功能进行表征，例如以绿色、蓝色等指示产品功能正常、平稳。

2）以色彩制约和诱导行为，例如以红色、橙色、黄色等作为警示或提醒。

3）以色彩暗示产品品牌、功能属性，例如冰箱、空调等家用电器常用白色，而工程机械常用黄色。

现代企业的产品形态及其色彩设计，应服务于企业整体形象和营销策略的要求，绝不是单独的美学问题。通常，企业所选用的产品色彩不仅适用于单一产品，还要适用于企业的产品体系，从而在市场营销的过程中避免品牌形象的矛盾或分化，形成相互促进的品牌营销合力。

2. 产品配色的基本原则

1）注重主色调，其余颜色围绕配置，选定 2~3 色为佳。一般上明下暗、上轻下重，或中部用与主色调明度相差较大对比色。

2）注重心理需求。配色的和谐，有时需借助降低色彩的纯度、明度或减少色相对比，使视觉生理和心理达到平衡。

3）注重色彩的视认性。色彩的视认性是指在底色上图形色彩的可辨认程度，以明度差对视认性影响最大。配色的视认性对产品使用操作的效率影响很大。色彩易引起视觉注意，称为诱目性高。视认性高的颜色不一定诱目性高。有彩色比无彩色诱目性高，纯度高的暖色比纯度低的冷色诱目性高，明度高的色比明度低的色诱目性高。

3. 产品色彩设计的常用方法

在实际的产品设计中，产品的配色往往是一项专门的程序。好的配色能够让产品在同一种外观形态下，适应不同使用者的偏好，为企业创造更大的产品市场效益。

1）单色配色。单色配色常见于家电类产品，如白色的洗衣机、灰色的电冰箱等。单色配色也可以通过改变色彩的明度和纯度来进行，就像传统水墨画中的"墨分五色"一样，通过颜色的深浅不一来表达。单色配色的产品给人单纯、柔和、高雅、和谐的感觉，一般用于科技感强的产品设计。

2）使用邻近色。色相环中的邻近色色相差异小，容易使产品呈现和谐、浪漫、雅致、明快的感觉，一般用于时尚产品设计。

3）使用对比色。使用色相环中不相邻的两种或多种色相，造成对比强，主次分明的产品视觉效果。这种配色常见于儿童产品设计。

4）利用互补色。利用互补色之间对比刺激的特点，区分主色与辅助色。一般用于专业工具设计（图5-9）。

图 5-9　互补配色法

其他方法还有明度配色、纯色配色、多色配色、半透明色配色、修整配色等，均为实践中总结出的经验，读者可自行查阅相关资料。

产品的配色有时不仅仅是为了美观，还会出于不同的功能目的，比如：

1）强化。加强产品形态的色彩效果，达到加强对产品局部形态的感受，表达产品的设计概念。

2）丰富。用色彩来丰富单一的产品形态，改善产品的整体效果。

3）归纳。用色彩归纳、整理和概括形态，使形态感觉单纯、统一。

4）对比。通过明度对比、色相对比、纯度对比、面积对比等手段，可以烘托、陪衬和加强主体形象。

5）划分。用色彩的不同对产品的局部和整体进行合理划分，以减轻形态的笨重和单调感，增加视觉分辨率。

实际设计实践中，设计师为了确保色彩均衡，一般采用高纯度色和暖色在面积比例上小于低纯度色和冷色；高明度色彩在上方，低明度色彩在下方。

一般搭配法则为：上轻下重上软下硬、上浅下深、上小下大、上虚下实、上分散下整体、上部醒目下部沉稳等。

5.3　产品的材质机理

材质的含义是产品材料性能、质感和肌理的信息传递。材料的质感是通过产品表面特征给人以视觉和触觉的感受以及心理联想及象征意义。

5.3.1　选用不同的材质

对于产品来说，完美的功能与形态固然重要，对材质的选用也应当科学合理，并充分发挥材质的特性与美感，材质影响着产品设计的最终视觉效果。产品作为一种符号的象征，承载着信息传达的功能，材料与质感作为构成产品设计的基材与表现，必须充分体现材质带来的认知体验与感受。

如图 5-10 所示的竹制花瓶，设计师着重保持了竹子本身的清新质感，尤其是花瓶开裂处，显得绿意盎然，透露出一种坚韧的美感。

使用不同的材料可构成不同材质的对比。例如，人造材料与天然材料的对比；金属材料与非金属材料的对比（图 5-11）；粗糙材料与光滑材料的对比等，这些虽不能改变造型的形体，但由于具有较强的感染力，也能使人产生丰富的心理感受。

图 5-10　竹制花瓶

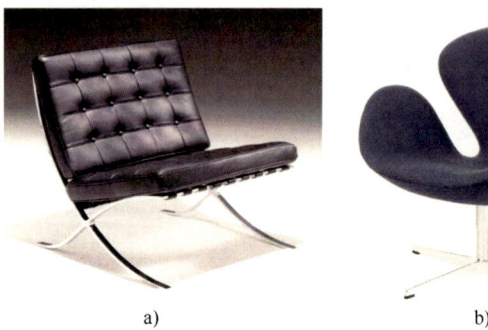

图 5-11　金属材料与非金属材料在家具中的对比

5.3.2　肌理与质感

使用同一种材料，虽不能体会材料的不同，却可更为纯粹地展现不同肌理的美感。如图 5-12 所示，同样的塑料材质，经过模具成形后呈现出不同肌理效果。

肌理是指物质表面具体的形态，是质感表现最关键的元素之一。材质的色彩与纹样可以变化，但材质特有的肌理是从视觉与触觉上识别不同材质最重要和最显著的标志。像不像被模仿的对象，很大程度上取决于材质的肌理效果"再现"得如何。

瓷砖的设计过程就很注重不同肌理的创作（图 5-13），这几乎成了瓷砖行业最主要的竞争方式和设计方法。

图 5-12　PC 塑料表面的肌理对比

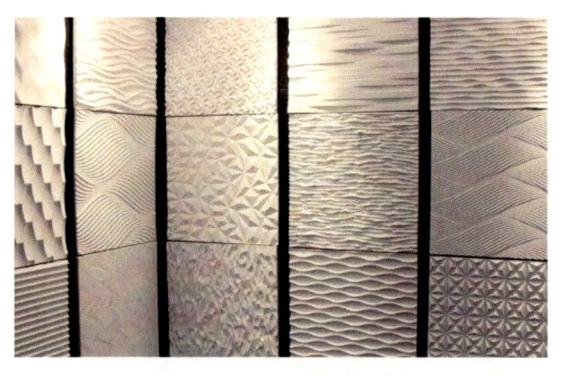

图 5-13　不同肌理的瓷砖

质感表现的难点在于，产品的表面结构千变万化，对于不同的产品不但要表现出它们的软硬、轻重、粗细、冷暖等物理特征，有时还要求通过审美通感作用，表现出嗅觉和味觉特征来。如玻璃的晶莹剔透、金属的坚实沉重、水的润泽、冰的寒冷、水果的酸甜等，都要求通过纹理和质感细致地刻画出其特有的性质。

当然，在实际设计中，除了少数材料所固定的特征以外，大部分的材料都可以通过表面处理的方式来改变它的表面色泽、肌理、质感等。通过改变产品表面的色泽、纹理、质地等方式，可以轻易地提高产品的审美品质，从而增加产品的附加值。

科技是在不断进步的，不同材料及其表面处理的技术也在不断地发展。这给设计师在选用材料和进行肌理、质感设计时，提供了更加广阔的发挥空间。一个富于创意的设计师，一定是一个会利用不断更新的技术，把材料和工艺的特性淋漓尽致地发挥出来的专业人才，这一点毋庸置疑。

5.4　思考与练习

1. 固有色的形成原理是什么？
2. 光学三原色是哪几种颜色？
3. 蒙赛尔色立体的三大核心指标是什么？
4. 质感设计有什么作用？
5. 结合具体案例，分析设计色彩对产品设计的作用。
6. 分析色彩的情感属性及其对产品设计的作用。

第 6 章

产品设计工艺图

　　产品设计方案离不开材料与加工工艺，所以材料与工艺是设计产品的物质基础和条件。产品基本形态与功能的实现都是建立在材料和工艺准确制作的基础之上。每一款产品，只有设计选用材料的性能与工艺特性相契合，才能得到产品设计的预期结果。同时，产品设计的实现又受材料的属性与工艺特性的制约。因此，各种材料与工艺的合理运用是产品设计的基础。在工业设计实践中，用于清晰而准确地表达材料与工艺制作效果的设计图，称为产品设计工艺图。产品设计工艺图是产品制造过程中必备的图样，是一个产品从设计创意到生产制造的保障。

6.1　产品设计工艺图概述

　　产品设计工艺图是产品设计过程中，设计师对设计的产品将采用何种材质与工艺而绘制的规范化图样。

　　产品设计工艺图的作用清晰而且准确地表达设计意图，便于与后期制造人员沟通。所以图样的准确与规范是最为重要的。产品设计工艺图是设计师与生产制造工程师进行沟通的重要图样，是最终量产的产品与设计师的设计方案保持一致的重要保障。

6.1.1　产品设计工艺图表达的基本原则

　　不同产品的产品设计工艺图，其制作规范和精细程度要求也不同，而且不同行业、不同企业对产品设计工艺图的要求也不太一样。产品设计工艺图没有通用的模板。但是如何清晰而又准确的表达设计是根本目的，所以基本都要遵循以下几个原则：

　　（1）全面性　产品的每一个部件都要说明材料与工艺，并表达制造效果，从而保障每个细节都能按照设计意图被生产出来，如图 6-1 所示。

　　（2）多样性　产品设计工艺图主要通过彩色效果图表达主要部件，同时辅以线框图作为补充，力求用多种图样把设计意图表达清楚，如图 6-2 所示。

　　（3）表格化　通过表格（如标题栏）可以列出该项目需要表达的各种细节信息，既把与项目相关的各种信息表达在图样上，又让所有的产品设计工艺图具有统一的规范，让每一批次的工艺图都有据可查，如图 6-3 所示。

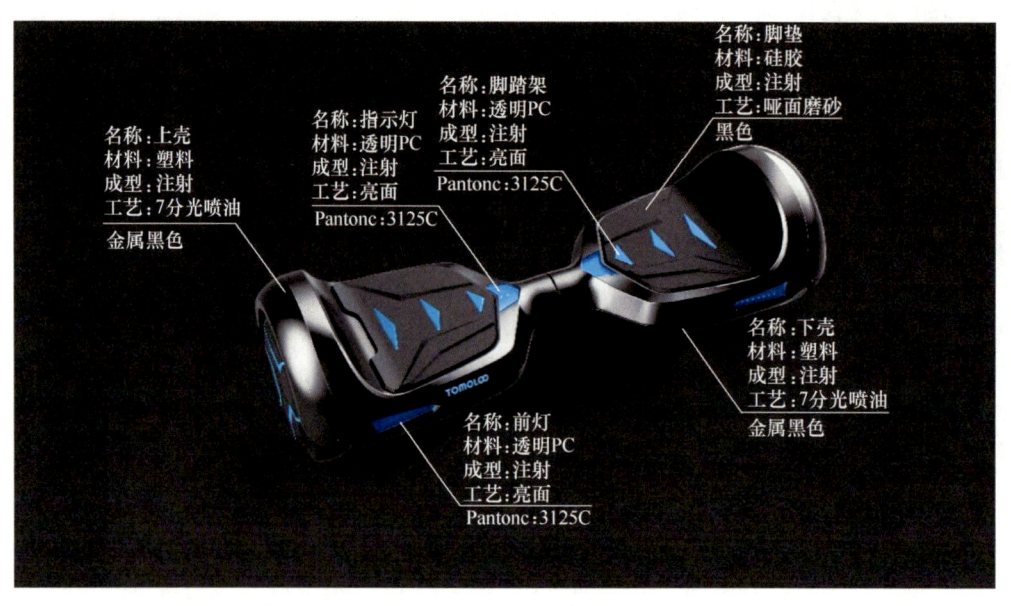

图 6-1　某平衡车产品设计工艺图

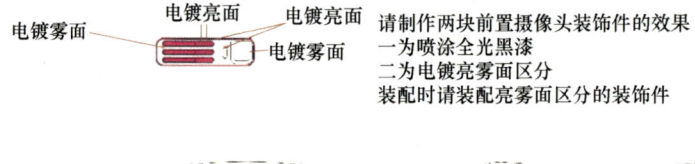

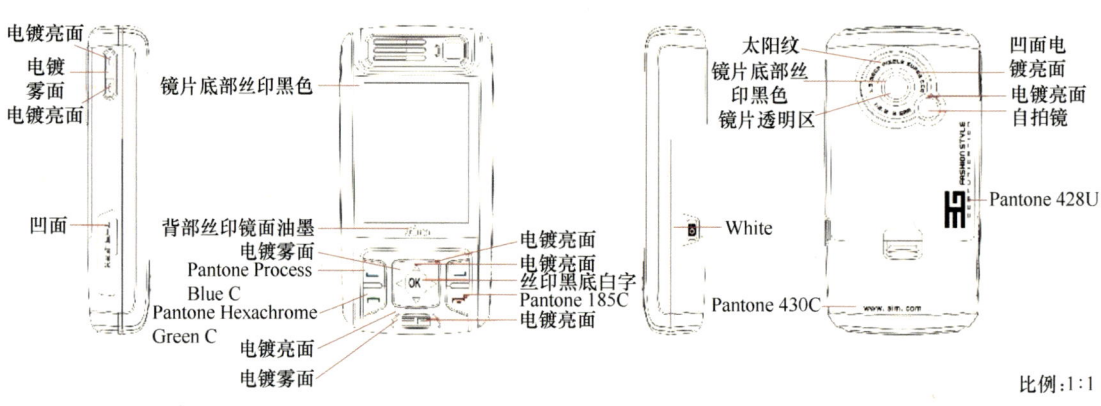

图 6-2　某手机产品设计工艺图

比例：1:1

外观工艺说明书			发放部门	工艺结构部	项目号	
			设计	校对	审核	
部件名	型号名	版本号				签名
		V0.01				日期

图 6-3　标题栏

（4）规范化　产品设计工艺图虽然没有统一的模板，但是表达的形式和内容都要符合行业的规范，行业内的工程师要能够无障碍地识别制图者要表达的信息。符合行业和企业标准，是产品设计工艺图基本的规范要求。

6.1.2 产品设计工艺图基本内容

（1）多视角的效果图　选用多个视角，将带有颜色和材质质感的效果图作为产品设计工艺图的主体图，便于直观表达，如图6-4所示。

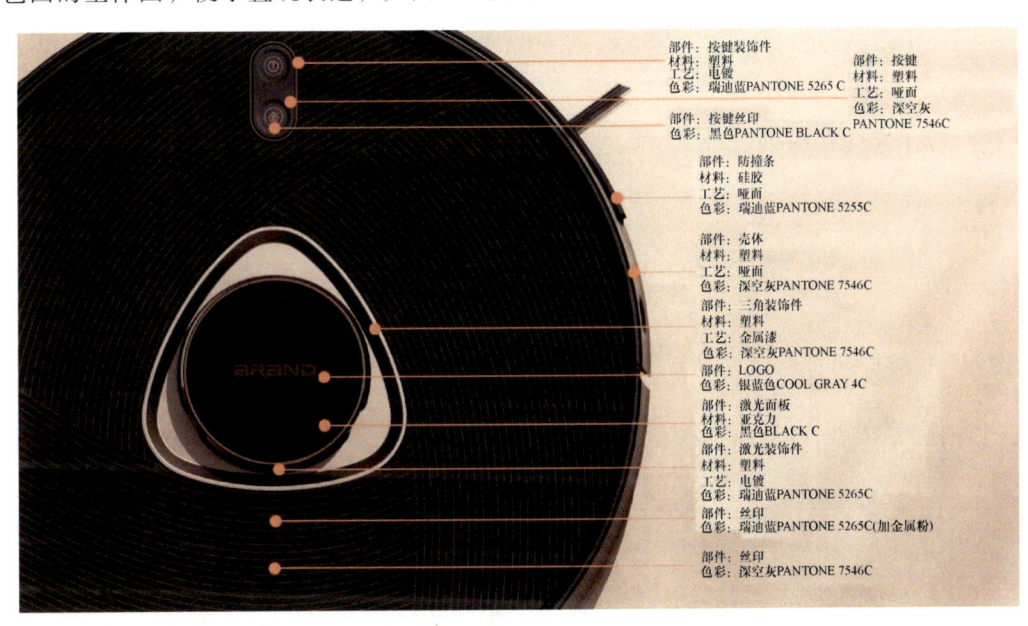

图 6-4　某滑板车产品设计工艺图

（2）文字说明　每一个部件都必须标注名称、制作材质、表面工艺等相关信息。部件名称表达选用行业通用称谓，工艺名称按照行业标准称谓，如图6-5所示。

图 6-5　某老人机产品设计工艺图

（3）设计说明　关于该项目的具体要求，可以专门列出设计说明，增强产品设计工艺图的规范性与专业性，如图 6-6 所示。

表面喷涂8分消黑色漆(参见色板)

符号下沉0.15mm

1:1

设计说明：
1. 导航键采用电铸膜工艺，大面及切边为电镀亮面。
2. 绿色接听键颜色[PANTONE 362 C]，红色挂机键颜色[PANTONE 188 C]。

外观工艺说明书			发放部门	工艺结构部	项目号	
			设计	校对	审核	
部件名	型号名	版本号				签名
Keypad		V0.01				日期

图 6-6　附带设计说明的产品设计工艺图

（4）通用的色标标注　一般遇到色彩标号，通常采用国际上应用最广泛的色标和色号名称进行标注。这样便于不同地域的供应商和制造商都有统一的标准，如图 6-7 所示。

材质Rubber
色号：PANTONE 444C

材质Rubber
色号：PANTONE 444C

表面喷涂金属质感漆
参看色板 E-035228

图 6-7　使用潘通色标的产品设计工艺图

（5）比例　产品设计工艺图必须标注比例，在图纸幅面允许的情况下，通常采用1∶1的比例，表达最直观、准确。如果图纸幅面无法满足1∶1比例，则通常采用1∶2或1∶4等常用比例。

6.2　产品设计工艺图案例

图6-8~图6-12所示为某滑板车的外观设计效果图和外观设计工艺图，供参考和交流。

图6-8　某滑板车的外观设计效果图

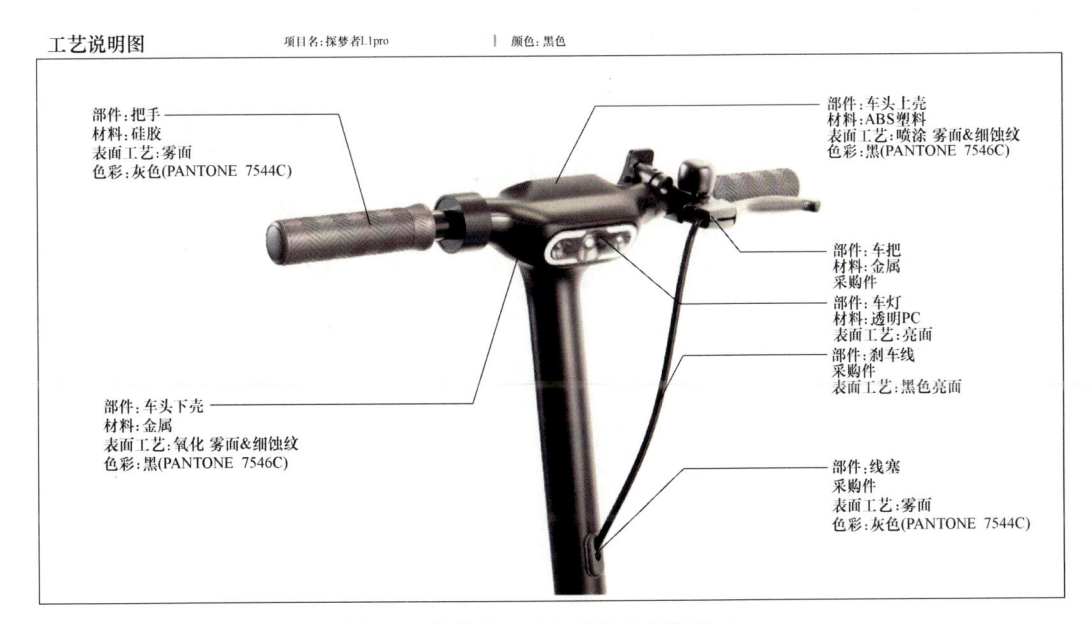

图6-9　某滑板车的外观设计工艺图（1）

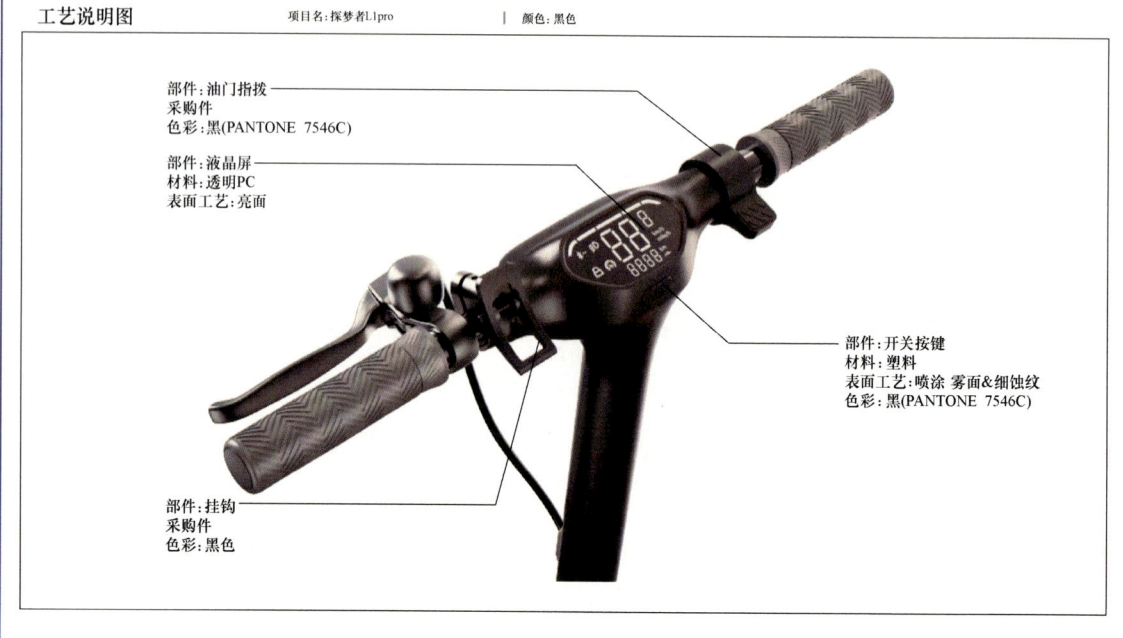

工艺说明图　　项目名:探梦者L1pro　　｜　　颜色:黑色

部件:油门指拨
采购件
色彩:黑(PANTONE 7546C)

部件:液晶屏
材料:透明PC
表面工艺:亮面

部件:开关按键
材料:塑料
表面工艺:喷涂 雾面&细蚀纹
色彩:黑(PANTONE 7546C)

部件:挂钩
采购件
色彩:黑色

图 6-10　某滑板车的外观设计工艺图（2）

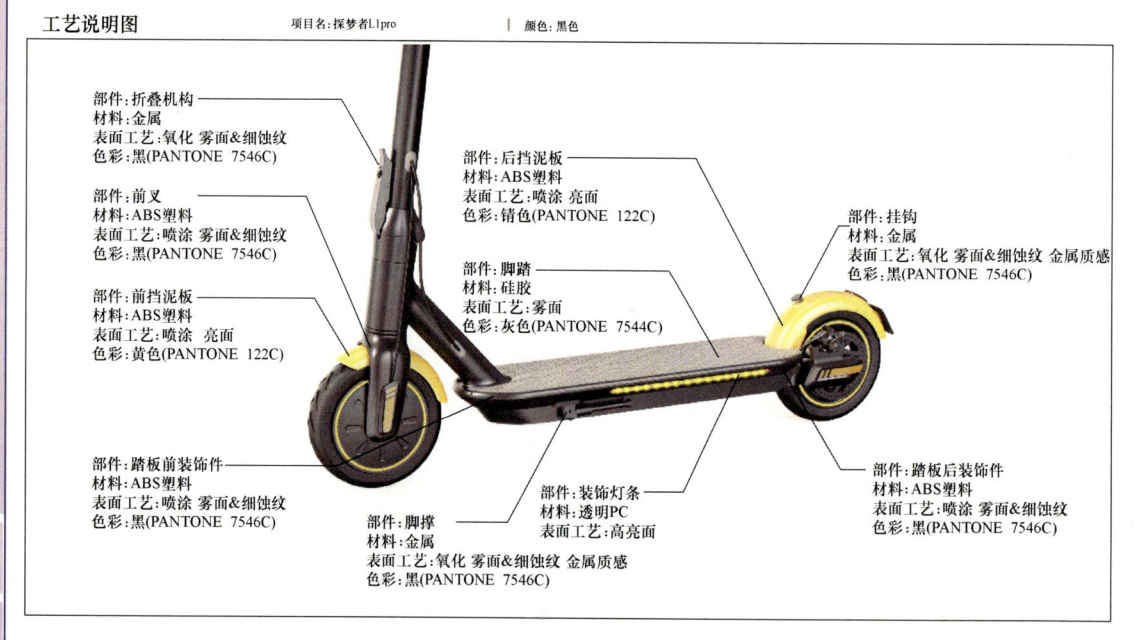

工艺说明图　　项目名:探梦者L1pro　　｜　　颜色:黑色

部件:折叠机构
材料:金属
表面工艺:氧化 雾面&细蚀纹
色彩:黑(PANTONE 7546C)

部件:前叉
材料:ABS塑料
表面工艺:喷涂 雾面&细蚀纹
色彩:黑(PANTONE 7546C)

部件:前挡泥板
材料:ABS塑料
表面工艺:喷涂 亮面
色彩:黄色(PANTONE 122C)

部件:踏板前装饰件
材料:ABS塑料
表面工艺:喷涂 雾面&细蚀纹
色彩:黑(PANTONE 7546C)

部件:后挡泥板
材料:ABS塑料
表面工艺:喷涂 亮面
色彩:锈色(PANTONE 122C)

部件:脚踏
材料:硅胶
表面工艺:雾面
色彩:灰色(PANTONE 7544C)

部件:脚撑
材料:金属
表面工艺:氧化 雾面&细蚀纹 金属质感
色彩:黑(PANTONE 7546C)

部件:装饰灯条
材料:透明PC
表面工艺:高亮面

部件:挂钩
材料:金属
表面工艺:氧化 雾面&细蚀纹 金属质感
色彩:黑(PANTONE 7546C)

部件:踏板后装饰件
材料:ABS塑料
表面工艺:喷涂 雾面&细蚀纹
色彩:黑(PANTONE 7546C)

图 6-11　某滑板车的外观设计工艺图（3）

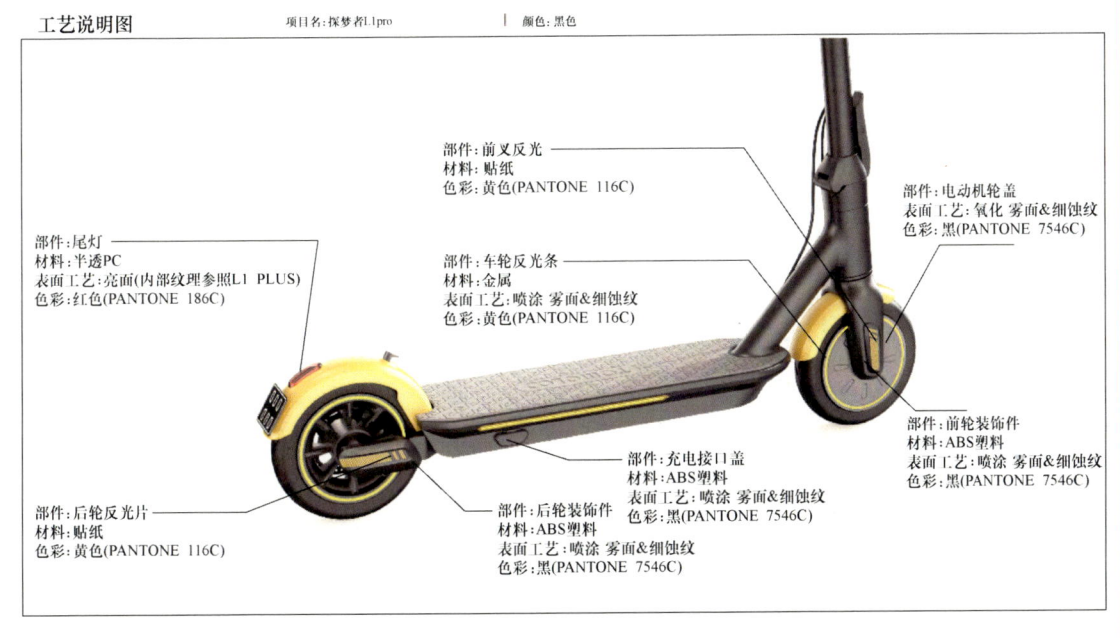

工艺说明图　　　　项目名：探梦者L1pro　　　｜　颜色：黑色

部件：尾灯
材料：半透PC
表面工艺：亮面(内部纹理参照L1 PLUS)
色彩：红色(PANTONE 186C)

部件：前叉反光
材料：贴纸
色彩：黄色(PANTONE 116C)

部件：车轮反光条
材料：金属
表面工艺：喷涂 雾面&细蚀纹
色彩：黄色(PANTONE 116C)

部件：电动机轮盖
表面工艺：氧化 雾面&细蚀纹
色彩：黑(PANTONE 7546C)

部件：充电接口盖
材料：ABS塑料
表面工艺：喷涂 雾面&细蚀纹
色彩：黑(PANTONE 7546C)

部件：前轮装饰件
材料：ABS塑料
表面工艺：喷涂 雾面&细蚀纹
色彩：黑(PANTONE 7546C)

部件：后轮反光片
材料：贴纸
色彩：黄色(PANTONE 116C)

部件：后轮装饰件
材料：ABS塑料
表面工艺：喷涂 雾面&细蚀纹
色彩：黑(PANTONE 7546C)

图 6-12　某滑板车的外观设计工艺图（4）

6.3　思考与练习

1. 什么是产品设计工艺图？在设计流程中起到什么作用？

2. 请绘制一款笔记本电脑的产品设计工艺图，并详细说明笔记本电脑 4 个主要外观面零件的零部件材质、色彩与表面处理工艺。

参 考 文 献

［1］ 李煜，金海，闵光培，等. 产品工学设计［M］. 北京：中国轻工业出版社，2014.
［2］ 张宇红. 工业设计：材料与加工工艺［M］. 北京：中国电力出版社，2012.
［3］ 王凌飞，张骜. 增材制造技术基础［M］. 北京：机械工业出版社，2021.
［4］ 李玉青. 特种加工技术［M］. 2版. 北京：机械工业出版社，2021.